人工智能与计算机教学研究

董　骁◎著

中国纺织出版社有限公司

内 容 提 要

随着信息技术的发展，人工智能技术的应用给各领域带来了新的发展机会，在计算机教学方面，人工智能技术也越来越重要。一方面，人工智能技术成为教学内容的重要方面；另一方面，在计算机教学中应用人工智能技术可以提高教师教学效率和学生学习效果。本书介绍了人工智能的发展与计算机教学的基础，并重点介绍了计算机教学中应用人工智能技术的方法，以及人工智能技术为计算机教学带来的改变。本书适合高校计算机教师阅读。

图书在版编目（CIP）数据

人工智能与计算机教学研究/董骁著 . --北京：
中国纺织出版社有限公司，2024.4

ISBN 978-7-5229-1720-7

Ⅰ.①人… Ⅱ.①董… Ⅲ.①人工智能 — 应用 — 电子
计算机 — 教学研究 Ⅳ.①TP3-42

中国国家版本馆 CIP 数据核字（2024）第 081740 号

责任编辑：于 泽 史 岩　　　责任校对：李泽巾
责任印制：储志伟

中国纺织出版社有限公司出版发行
地址：北京市朝阳区百子湾东里 A407 号楼　邮政编码：100124
销售电话：010—67004422　传真：010—87155801
http://www.c-textilep.com
中国纺织出版社天猫旗舰店
官方微博 http://weibo.com/2119887771
天津千鹤文化传播有限公司印刷　各地新华书店经销
2024 年 4 月第 1 版第 1 次印刷
开本：710×1000　1/16　印张：11
字数：170 千字　定价：99.90 元

凡购本书，如有缺页、倒页、脱页，由本社图书营销中心调换

PREFACE

随着信息技术的迅速发展和普及，人工智能逐渐成为计算机教学领域的一项重要技术。人工智能技术以其强大的数据处理和学习能力，为计算机教学注入了新的活力与可能性。在这个数字化时代，我们不仅面对着日新月异的科技变革，也迎来了计算机教学方式的深刻变革。在过去的几十年里，计算机教学一直处于不断发展的阶段。从最初的计算机辅助教学到后来的在线教育，计算机技术已经逐渐渗透教育的方方面面。然而，传统的计算机教学方式也面临着一些问题，如教学资源有限、学生学习兴趣不足、教学内容单一等。人工智能技术的引入可为这些问题的解决提供新的路径。

计算机科学和人工智能领域一直是科技进步的先驱，这些领域的知识和技能促进了社会发展，提升了人们的生活质量。面对数字化时代的挑战，教育者和研究人员们不断探索如何更好地将计算机科学和人工智能技术融入教育，以培养新一代的数字化时代领袖和创新者。本书将深入研究这一挑战，并探讨如何将人工智能和计算机科学教育与教学实践相结合。本书的主要目的是探讨人工智能与计算机教学的最新趋势、方法和工具。本书研究了教育科技、在线学习、智能教育系统、计算机编程教育以及与人工智能相关的教育研究。此外，本书还关注教育领域的创新实践，探讨如何更好地利用计算机科学和人工智能来提高教育质量和可及性。

通过对人工智能与计算机教学的深入研究，我们期望能够为教育界提供有益的启示，推动计算机教学向更加智能、个性化、高效的方向发展。在这个充满挑战和机遇的时代，人工智能与计算机教学的结合将为培养更具创新能力和实践能力的计算机专业人才奠定坚实基础。

董 骁

2024 年 1 月

CONTENTS

目　录

第一章 人工智能

第一节 什么是人工智能

一、人工智能的起源

早在公元前，古希腊哲学家亚里士多德（Aristotle，前384—前322）为人工智能的理论基础奠定了基石。在他的名著《工具论》中，他提出了形式逻辑的一些主要定律，其中，三段论学说至今仍是演绎推理的基本依据。这为后来人工智能的逻辑推理部分提供了深厚的理论基础。英国哲学家弗朗西斯·培根（F. Bacon，1561—1626）系统地提出了归纳法，强调观察和总结事实的重要性。同时，他提出了著名的"知识就是力量"的警句，强调知识的力量对于理解和模拟人类思维过程的重要性。这对人工智能领域的起源产生了深远的影响，引导了人工智能的研究方向。这些早期思想家为人工智能的诞生提供了理论基础，直到德国数学家戈特弗里德·莱布尼兹（G. W. Leibniz，1646—1716）提出万能符号和推理计算的思想，人工智能的理论框架更为清晰。莱布尼兹认为，通过建立一种通用的符号语言，可以进行推理演算，这为数理逻辑的产生和发展奠定了深厚的基础。他的这一思想不仅是对数学和逻辑的贡献，更是现代思维设计思想的萌芽。莱布尼兹的万能符号概念是一种用于表示思维和计算的通用符号系统。他的理念是通过符号来表示各种思维和推理过程，使人们能够更加清晰地理解和操作抽象的概念。这为后来逻辑学和数理逻辑的发展提供了有力引导，也为人工智能的逻辑推理部分打下了基础。另一位对人工智能领域产生深远影响的科学家是英国逻辑学家乔治·布尔（G. Boole，1815—1864）。他创立了布尔代数，首次运用符号语言描述了思维活动的推理法则。在他的著作《思维法则》中，布尔提出了一种用代数形式表示逻辑关系的方法，被称为布尔代数。这种代数系统为后来计算机科学和数字电路设计提供了理论基础，成为现代计算机和人工智能系统中逻辑运算的基石。莱布尼兹和布尔的思想为人工智能的理论基础和实现工具的发展提供了坚实支持。他们的贡献奠定了人工智能领域在数理逻辑和符号语言方面的基础，为后来的研究和创新铺平了道路。

英国数学家艾伦·图灵（A. M. Turing，1912—1954）是计算机科学和人工智能领域的杰出人物，被誉为计算机科学之父和人工智能之父。他的贡献在理论和实践上对这两个领域产生了深远的影响。1936 年，图灵提出了著名的"图灵机"概念和模型，这一理论对电子数字计算机的发展有重要意义。图灵机是一种抽象计算模型，形成了计算理论的核心，为后来计算机科学的发展奠定了理论基础。这一理论框架不仅影响了计算机的设计和运作，也对人工智能的发展起到了重要的推动作用。在第二次世界大战期间，图灵为英国军方破解了德国的"谜"（Enigma）密码系统，这一壮举对盟军在第二次世界大战中的胜利产生了深远的影响。他的工作在战争中发挥了关键作用，为此他荣获"不列颠帝国勋章"，体现了他在当时作出的卓越贡献。图灵在 1950 年提出了著名的"图灵测试"，并发表了论文《机器能思考吗?》。这个测试旨在判断机器能否表现出与人类相似的智能，成为人工智能领域发展的里程碑。这一概念引发了人们对机器智能的深入思考，成为研究人工智能的契机。图灵以他在计算机科学和人工智能领域的卓越工作，特别是图灵机概念和模型的提出、密码破解和图灵测试的引入，赢得了"人工智能之父"的美誉。他的理论和实践贡献推动了计算机科学和人工智能的蓬勃发展，为现代科技的进步奠定了坚实基础。

在人工智能的演进过程中，美国神经生理学家沃伦·麦克洛奇（W. McCul-loch）与数理逻辑学家沃尔特·皮茨（W. Pitts）在 1943 年合作建立了第一个神经网络模型，被称为 MP 模型。这一创举开创了微观人工智能的研究工作，为后来人工神经网络的发展奠定了基础。MP 模型是一种受生物神经系统启发的模型，通过模拟神经元之间的连接和信息传递，试图分析和模拟人脑的工作原理。麦克洛奇和皮茨的合作在神经网络研究领域引起了广泛关注，为后来的神经网络模型和深度学习算法的发展打下了理论基础。此外，美国数学家约翰·莫切利（J. W. Mauchly）和工程师约翰·普雷斯班·埃柯特（J. P. Eckert）于 1946 年在宾夕法尼亚大学摩尔电工学院研制了世界上第一台电子数字计算机,被称为ENIAC(Electronic Numerical Integrator and Computer)。ENIAC是一台庞大而先进的机器,为人工智能的研究提供了实质性的物质基础。ENIAC的问世标志着计算机科学的新时代,它具有计算速度快、可编程性强的特点,使人工智能领域的计算能力得到巨大的提升。研究人员可以利用ENIAC进行更复杂的计算任务,促进了计算机科学和人工智能的发展。这两个重要的里程碑事件,即MP模型的建立和ENIAC的研制,共同推动了人工智能领域的发展,为人工智能提供了理论和实践依据,为后来的技术创新和应用奠定了重要基础。

匈牙利数学家冯·诺依曼(J. V. Neumann,1903—1957)是20世纪数学和计算机科学领域的杰出人物。他在代数论、集合论、量子力学以及博弈论的创立上取得了卓越成就。冯·诺依曼被誉为电子计算机时代的开创者,他提出的冯·诺依曼型计算机架构至今仍然是计算机设计的基础。冯·诺依曼型计算机采用存储程序的思想,将程序和数据存储在同一存储器中,这一创新构想成为现代计算机体系结构的基石。这种设计使计算机可以灵活执行各种任务,为计算机科学和人工智能的发展奠定了坚实基础。美国数学家诺伯特·维纳(N. Wiener,1894—1964)是控制论的创始人,被认为是20世纪最著名的数学家之一。他为自动控制系统的研究奠定了控制论的理论基础,这一理论后来对人工智能产生了深远的影响。控制论的原理和思想被引入人工智能领域,形成了行为主义的人工智能学派,对智能系统的设计和控制产生了重要影响。美国应用数学家克劳德·香农(C. E. Shannon,1916—2001)是信息论的创始人,他的贡献对信息理论、电路设计及计算机科学方面都具有深远影响。在《通信的数学原理》中,香农首次规定了用二进制位作为通信单位,这被认为计算机发展史上的一个里程碑。他在人工智能研究方面主编和汇编了《自动机研究》等重要专著,被誉为人工智能研究方面的先驱者。这三位杰出的数学家在各自的领域取得了划时代的成就,对计算机科学和人工智能的发展产生了深远的影响。他们的贡献为现代科技的进步打下了坚实基础,影响延续至今。

二、人工智能的提出

1955年8月31日,麻省理工学院的约翰·麦卡锡(J. McCarthy)、马文·明斯基(Marvin Minsky)、IBM公司信息研究中心的纳撒尼尔·罗彻斯特

（N. Rochester）、贝尔实验室的克劳德·香农（C. E. Shannon）等人共同拟写了一份关于"两个月，十人共同研究人工智能"的研究计划。随后，于 1956 年夏季，他们邀请了 IBM 公司的特拉维斯·莫尔（T. More）和阿瑟·塞缪尔（A. C. Samuel）、麻省理工学院的尤金·塞尔夫里奇（U. Selfridge）和罗伯特·索罗门夫（R. Sulomonff），以及兰德公司和卡耐基梅隆大学的艾伦·纽厄尔（A. Newell）和赫伯特·西蒙（H. A. Simon）等十人，在达特茅斯学院正式举行了一次学术会议，历时两个月，这就是著名的达特茅斯会议。在会议上，众人讨论了上述研究计划，并由麦卡锡提议采用"人工智能"这一术语来代表有关机器智能的研究方向，该提议得到了参会人员的赞同。达特茅斯会议被认为是人工智能作为一门新兴学科正式诞生的标志。这次会议汇聚了业内领先的研究者，旨在共同研究和讨论关于机器智能的重要问题。麦卡锡等人的研究计划为人工智能的未来方向提供了清晰的指引，并奠定了该领域的基础。在达特茅斯会议后，麦卡锡继续在人工智能领域取得杰出成就。他发明了 LISP 语言，成为早期人工智能研究中的重要编程语言。因其在人工智能领域的卓越贡献，麦卡锡被尊称为"人工智能之父"。人工智能领域在20 世纪中叶的蓬勃发展，体现了合作和跨学科研究的重要性。达特茅斯会议为人工智能的研发提供了契机，使这一领域的研究在随后几十年中取得了显著的进展。

三、人工智能的定义

人工智能（Artificial Intelligence，AI）可以简单地理解为由人类制造的机器所展现出来的智能。总体而言，人工智能可分为两大类别：弱人工智能和强人工智能。弱人工智能（Weak Artificial Intelligence）指的是能够完成特定具体任务的人工智能，可以看作计算机科学在非平凡应用方面的体现。相对而言，强人工智能（Strong Artificial Intelligence）或通用人工智能则具备与人类同等或超越人类的智慧，能够表现出正常人类所有的智能行为。人工智能在某些方面很容易超越人类，例如进行计算加法、乘法等。当前广泛应用的主要是弱人工智能。弱人工智能可以解决特定的问题，但强人工智能不仅要解决一两个特定问题，还要解决人类所能应对的各种各样的问题。从科学长期发展的角度来看，学术界不应忽略对强人工智能所需计算系统的研究。人工智能在计算机科学领域有着非凡的应用，能够处理许多任务，如计算加法和乘法。尽管目前弱人工智能的应用更广泛，但对于强人工智能的研究也是至关重要的，因为它涉及具备更高层次的智能行为。人工智能的发展不仅有助于解决特定问题，还提供了更广泛的科学研究领域。在面对未来的挑战时，对弱人工智能和强人工智能的深入研究都将推动人工智能领域的不断创新和进步。

第二节　人工智能发展历史

人工智能的发展可以追溯至 20 世纪 40 年代早期。在此时期，一些关键的理论和概念为人工智能的萌芽奠定了基础。举例来说，1943 年，沃伦·麦克洛奇和沃尔特·皮茨提出了首个人工神经元模型，而在 1949 年，唐纳德·赫布（D. Hebb）则提出了 Hebb 学习规则，用于更新神经元之间的连接强度。尽管在20 世纪 40 年代已经有了一些重要的理论基础，但人工智能概念直到 1956 年的达特茅斯会议才得以提出。这次会议汇聚了一批来自不同领域的研究者，包括麦卡锡、明斯基、罗彻斯特、香农等，共同商讨关于机器智能的问题，标志着人工智能作为一门新兴学科正式诞生。从那时起，人工智能经历了 60 多年的发展历程，这段历史可谓几起几落。在这漫长的历程中，人工智能经历了三次热潮，其中包括对专家系统、神经网络和机器学习等领域的兴趣和研究。然而，也曾经历过两次"冬天"，即研究和投资的减缓期，其中一次发生在 20 世纪 70 年代，另一次则在 20 世纪 90 年代初。尽管曾经有过冷却期，但近年来，人工智能再度迎来了全球范围内的研究和应用的热潮。随着技术的进步，特别是深度学习和大数据的兴起，人工智能在图像识别、自然语言处理、语音识别等领域取得了显著的进展。人工智能的历史是一个起伏发展的过程，随着科技的不断演进，人工智能在各个领域的发展前景充满着无限可能。

一、第一次热潮：1956 年至 1960 年

1956 年夏天，由约翰·麦卡锡、马文·明斯基、纳撒尼尔·罗切斯特和克劳德·香农等人发起的达特茅斯人工智能研讨会在人工智能领域掀起了第一次重要的研究浪潮。这次研讨会，即达特茅斯会议，聚集了十位参与者，持续了两个月。该会议的主要目标是尝试描述学习和智能的特征，以便用机器来模拟智能，

并探讨机器如何使用语言、形成抽象概念、解决复杂问题，甚至实现自我完善。达特茅斯会议的参与者大多具有深厚的逻辑研究背景，他们在会议上提出了一种基于符号逻辑的研究方法，即后来所称的符号主义。根据这一思路，如果能够用符号逻辑表示已知知识和待解问题，那么通过逻辑问题求解器就可以解决各种智能任务。这一理念推动了人工智能领域掀起第一次热潮。在达特茅斯会议上，艾伦·纽厄尔和赫伯特·西蒙展示了推理计算机程序——逻辑理论家。这个程序后来成功证明了许多数学定理，展示了符号主义在逻辑问题求解方面的潜力。此外，该时期还涌现出了几何定理证明者、国际象棋程序、跳棋程序、问答和规划系统等一系列有影响力的成果。在这一时期，弗兰克·罗森布拉特（F. Rosenblatt）提出了感知机模型，这是一种神经网络模型，引起了当时许多研究者的关注。第一次热潮初期，人工智能研究者对未来表现出极大的乐观态度。符号主义和逻辑方法在解决各种问题上取得了初步成功，为人工智能的发展奠定了基础。达特茅斯会议标志着人工智能作为一门学科正式诞生，并开启了人工智能领域的探索和研究，为人工智能的发展奠定了理论基础。

1957 年，赫伯特·西蒙提出了一个重要观点：“现在世界上已经有机器可以思考、可以学习、可以创造。它们的能力将迅速提高，处理的问题范围在可见的未来就能延伸到人类思维应用的范围。”这一观点表达了当时人们对人工智能快速发展的乐观预期，认为机器的能力将逐渐接近并超越人类思维。西蒙还预测，计算机将在 10 年内成为国际象棋冠军。然而，事实上，40 年后的 1997 年，IBM 的深蓝系统才成功战胜国际象棋世界冠军加里·卡斯帕罗夫，这显示了人工智能发展的实际难度。由于研究者逐渐认识到人工智能的发展面临的挑战和困难，人工智能的第一次热潮很快过去，并进入了长达 10 余年的第一次冬天。这一时期，人工智能研究受到了较大的阻碍，投资和资源减少，科研进展相对较缓慢。这期间，研究者们开始审视人工智能的局限性，并认识到要实现真正智能的机器可能需要更长时间和更深入的研究。这个时期的挫折和反思成为后来人工智能发展的重要经验，推动人工智能向更为深刻和全面的研究方向发展。第一次热潮的退去标志着人工智能领域的发展进入一个相对低迷的时期，但这并没有阻碍后来人工智能的再度崛起和取得显著的进展。

二、第二次热潮：1975 年至 1991 年

人工智能的第二次热潮于 1982 年标志性地开始，其中一个重要事件是日本启动了雄心勃勃的五代机计划。该计划的目标是在 10 年内建立一个能够高效运行 Prolog 的智能计算系统。同时，国际上也出现了一些成功的领域专家系统，其中包括医学领域的 MYCIN 和 CADUCEUS。这一时期的专家系统在商业应用中发挥了实际作用，为企业提供了自动化的决策支持。五代机计划的启动代表着对人工智能的新一轮投资和研究的兴起。Prolog 语言的选择表明对符号逻辑和知识表示的关注，这与第一次热潮时期的符号主义研究一脉相承。虽然五代机计划在后来并未达到预期的成功，但它标志着对人工智能的重大投资和关注。同时，国际上的领域专家系统也取得了一些令人瞩目的成就。MYCIN 是一个用于医学诊断的专家系统，能够根据患者的症状提供诊断建议。CADUCEUS 则专注于心脏病学领域。这些系统利用专业领域的知识库和推理引擎，为医生和专业人士提供辅助诊断和治疗方案的支持。在商业领域，DEC 的专家系统 R1 是一个实际应用人工智能的例子。R1 系统可以根据用户的需求，为 VAX 型计算机系统自动选购软硬件组件，提供个性化的配置建议。这种商业应用展示了专家系统在自动化决策和问题解决方面的潜力。人工智能第二次热潮的到来表现在对新技术和项目的广泛投资，以及在领域专家系统等方面的实际应用取得的成功。这一时期为人工智能的发展提供了新的动力和方向，并为后来的技术创新和研究奠定了基础。

20 世纪 80 年代中期，神经网络方法迎来了一次革命，其中反向传播学习算法的提出成为该时期的重要里程碑。这使得神经网络重新成为研究的焦点，与符号主义并驾齐驱，形成了连接主义方法。这一时期的发展推动了神经网络的应用和研究，为人工智能领域注入了新的活力。神经网络是受到人脑神经元网络启发的计算模型，它通过多层次的神经元连接来模拟人脑的信息处理过程。然而，在 20 世纪早期，神经网络的研究陷入低谷，受到符号主义方法的影响，逻辑和符号处理被认为是实现人工智能的关键。1986 年，由于反向传播学习算法的提出，神经网络重新成为研究的焦点。这一算法允许神经网络通过训练数据进行反向调整，从而提高运行任务的性能。这个方法解决了之前训练神经网络时遇到的问题，使神经网络在模式识别、语音识别和其他领域得到成功应用。与传统的符号

主义方法不同，连接主义方法强调通过神经网络中神经元之间的连接来学习和表示知识。这种基于连接的学习更加灵活、适应性更强，使得神经网络能够从大量的数据中学习模式和规律，而无须以显式的规则和符号表示。这次神经网络方法的革命推动了人工智能领域的发展。在连接主义和符号主义之间的辩论也逐渐演变为整合两者的趋势，形成更全面的研究方法。神经网络的成功应用促使人们重新认识学习算法的重要性，进而推动了深度学习等更先进的神经网络技术的发展。20 世纪 80 年代中期的神经网络革命标志着人工智能研究的新阶段，连接主义方法成为推动领域进步的关键因素之一。这次革命不仅影响了学术研究，也对实际应用产生了深远的影响，为后来的深度学习和神经网络技术的崛起创造了有利条件。

在 20 世纪 80 年代末，人工智能经历了一个关键时期，研究者开始将数学理论与实际应用相结合，为人工智能的发展提供了更为实用的基础。这一时期，隐马尔可夫模型（Hidden Markov Model，HMM）开始被应用于语音识别，为理解问题提供了数学框架，有效地解决了实际应用中的挑战。此外，信息论被引入机器翻译领域，而贝叶斯网络（Bayesian Network）则用于处理非确定性推理和专家系统，为处理非确定性知识提供了有效的表示和严格的推理手段。在第二次热潮中，符号主义仍然是主导思想。无论是日本五代机使用的 Prolog，还是专家系统 MYCIN 使用的 LISP，它们的核心仍然是基于符号逻辑的推理。然而，研究者逐渐认识到符号主义方法存在一些难以克服的困难，比如缺乏具有足够表示能力且简练的逻辑，以及逻辑问题求解器的时间复杂度极高等问题。与此同时，连接主义方法（如神经网络）虽然崭露头角，但并没有找到真正落地的杀手级应用。随着 1991 年日本五代机计划的失败，第二次热潮逐渐消退，人工智能陷入了近 20 年的第二次冬天。这一时期，对人工智能的研究和投资减缓，人们对其前景产生了质疑。研究者们逐渐认识到需要探索新的方法来克服符号主义方法的困难。连接主义方法虽然在此时并未被广泛应用，但在后来的发展中成为人工智能领域的关键技术之一。这一时期的冷却为人工智能领域的未来发展奠定了更加坚实的基础，为后来的技术突破创造了条件。

三、第三次热潮：2006 年至今

2006 年，杰弗里·辛顿（G. Hinton）和 R. Salakhutdinov 在 *Science* 杂志上发

表了一篇重要的论文，指出多隐层的神经网络能够更好地刻画数据的本质属性。他们提出的无监督逐层初始化方法成功地克服了深度神经网络训练过程中的困难。这一研究为深度学习即多层大规模神经网络的繁荣铺平了道路，并被业界认为是开启了人工智能的第三次热潮。这篇论文的核心贡献在于引入了深度神经网络的概念，并提出了一种有效的训练方法。多隐层神经网络能够通过学习层次化的特征表示，更好地捕捉数据中的复杂结构和抽象特征。通过无监督的逐层初始化方法，成功地解决深度神经网络训练时梯度消失和梯度爆炸等问题，使得网络能够更稳健地学习表示。这一研究的突破被认为是深度学习的关键时刻，为图像识别、自然语言处理等领域的性能提升做出了巨大贡献。这也标志着人工智能的发展进入了第三次热潮，引发了学术界和产业界对深度学习技术的极大兴趣和投入。各种基于深度学习的应用开始蓬勃发展，包括语音识别、图像分类、自然语言处理等领域都取得了显著的进展。从此以后，深度学习成为人工智能领域的主流技术，为解决复杂任务和处理大规模数据提供了有效的工具。这一时期的技术突破为人工智能的广泛应用奠定了基础，推动了整个领域的快速发展。

2012 年，A. Krizhevsky、I. Sutskever 和 G. Hinton 合作提出了一种划时代的深度学习神经网络，即 AlexNet。AlexNet 在同年的 ImageNet 大规模视觉识别比赛（ILSVRC）中夺得冠军，引起了业界的广泛关注。这一胜利标志着深度学习的强大能力，从而推动人工智能领域掀起了第三次热潮。随着数据集规模和模型的增长，深度学习神经网络在图像识别、语音识别、人脸识别、机器翻译等领域的应用变得越来越广泛。特别值得注意的是，由谷歌 DeepMind 团队研制的 AlphaGo，基于深度学习的围棋程序，在对战人类围棋世界冠军李世石时取得了胜利。这一事件不仅引起了全球媒体的广泛关注，也进一步推动了人工智能第三次热潮的发展。人工智能、机器学习、深度学习、神经网络等词汇成为大众关注的焦点。第三次热潮中的人工智能与达特茅斯会议时的情景有着显著的不同。在学术界，人工智能领域的研究热点集中在机器学习、神经网络和计算机视觉等方向。这三个方向在某种意义上是相互关联的，神经网络是机器学习的方法，而计算机视觉则是机器学习和神经网络的一个关键应用方向。与达特茅斯会议上对符号主义方法的关注相比，当前的研究者们对符号主义方法的关注度已经明显减少。在第三次热潮中，深度学习的成功应用推动了人工智能技术的不断创新，为各行各业提供了更加强大和高效的解决方案。这一时期的研究和发展为人工智能的广泛应用奠定了基础，使其成为当今科技领域中的主导力量。

第三节　人工智能研究

一、人工智能的研究热点

（一）智能接口技术

智能接口技术是一门研究如何使人们能够方便、自然地与计算机交流的领域。这一领域的研究旨在使计算机能够理解、处理和生成各种形式的信息，包括文字、语音、图像等，从而提供更加智能、直观的用户体验。实现这一目标不仅对于提高计算机与人类之间的交互效率具有巨大的应用价值，还在基础理论上具有深远的意义。在智能接口技术的研究中，知识表示方法起着关键的作用。知识表示是指如何将丰富多样的信息以一种计算机可处理的方式进行表达和存储。对于计算机来说，能够有效地理解和利用知识是实现智能接口技术的基础。因此，研究者们努力寻找适用于不同场景和任务的知识表示方法，以便更好地促进文字识别、语音识别、语音合成、图像识别、机器翻译及自然语言理解等多种技术的实用化。文字识别是智能接口技术的一个重要方向，旨在使计算机能够自动识别并理解文本信息。这项技术的应用涉及数字化文档、自动化文本处理等多个领域。语音识别则致力于让计算机能够听懂人类的语音输入，为语音交互和语音命令提供支持。语音合成则是将计算机生成的文字信息转化为自然流畅的语音输出，使得计算机能够更加自然地与用户对话。图像识别是智能接口技术中的又一重要方向，旨在使计算机能够理解和分析图像中的信息。这项技术在人脸识别、图像搜索、自动驾驶等领域都有广泛的应用。机器翻译则着眼于解决不同语言之间的沟通障碍，通过计算机自动翻译实现多语言交流。自然语言理解则是使计算机能够理解和解释人类语言的一项关键技术，涉及对语法、语义、语境等方面的深入分析。

随着人工智能的发展，智能接口技术取得了显著的成果。深度学习等先进技术的应用使文字识别、语音识别、图像识别等任务的性能大幅提升。智能助手、智能音响等产品已经普及，为人们提供了更加便捷和智能的交互方式。同时，对话系统、聊天机器人等技术的发展也推动了自然语言理解的进步。然而，智能接口技术仍然面临着挑战。在处理复杂语境、多模态信息（文字、语音、图像等结合）以及真实世界中的多样化场景等方面，仍需要进一步的研究和改进。此外，关于知识表示的研究也需要更加深入，以适应不断变化和复杂化的应用场景。

智能接口技术是人工智能领域中一个重要的研究方向，其发展推动了计算机与人类之间交互方式的革新。未来，随着技术的不断进步和研究的深入，智能接口技术将继续为人们提供更加智能、便捷的人机交互体验。

（二）数据挖掘

数据挖掘是一种从大量、不完全、带有噪声和模糊的实际应用数据中提取潜在有用信息和知识的过程。这一领域的研究已经形成了三个强大的技术支柱：数据库、人工智能和数理统计。数据挖掘旨在通过发现算法、数据仓库、可视化技术、定性定量互换模型、知识表示方法等手段，深入挖掘数据背后的规律和关联，为决策制定和业务优化提供支持。数据挖掘的基础理论包括数据预处理、特征选择、模型选择等方面。数据预处理阶段涉及清洗、集成、转换和加载数据的过程，以确保数据的质量和一致性。特征选择则是从大量特征中选择最具代表性和影响力的特征，以提高模型的性能。模型选择包括选择适当的数据挖掘模型以匹配任务的性质和要求。在数据挖掘中，发现算法是关键的研究内容之一。这些算法包括分类、聚类、关联规则挖掘等。分类算法用于将数据分为不同的类别，聚类算法用于将数据分组为相似的簇，关联规则挖掘则用于发现数据中的关联关系。这些算法的发展推动了数据挖掘技术的不断进步。数据仓库是用于存储和管理大量数据的系统，为数据挖掘提供了基础。数据仓库通过集成多个数据源，将数据统一存储，以便进行更深入的分析和挖掘。数据仓库的设计和管理对于数据挖掘的有效性至关重要。可视化技术在数据挖掘中扮演着重要的角色，通过图表、图形等形式展现挖掘结果，使用户更容易理解和解释数据。可视化技术不仅提高了数据挖掘的效率，还促使用户更深入地理解数据背后的模式和趋势。

在数据挖掘中，研究者们致力于建立能够在定性和定量数据之间进行有效互换的模型。这种模型可以将非结构化的定性信息转化为计量的定量信息，为深度分析提供更全面的数据支持。数据挖掘的结果往往以知识的形式呈现，而知识的表示方法对于有效的知识管理和应用至关重要。研究者们通过各种知识表示方法，将数据挖掘得到的规律和模式表达出来，为决策制定和业务应用提供支持。数据挖掘不仅关注知识的发现，还注重如何维护和再利用这些知识。有效的知识管理系统可以使得挖掘得到的知识得以长期保存、更新和应用，为组织提供持续的价值。

传统的数据挖掘主要针对结构化数据，而在当今的信息时代，大量半结构化和非结构化数据也成为挖掘的对象，这包括文本、图像、视频等形式的数据，这些数据对数据挖掘提出了新的挑战和机遇。随着互联网的发展，网上数据挖掘成为一个重要的研究方向。在海量的网络数据中挖掘用户行为、社交网络关系、舆情等信息，为企业和政府提供决策支持和情报分析。

数据挖掘与人工智能密切相关，两者相辅相成。人工智能的技术在数据挖掘中得到广泛应用，如机器学习算法、深度学习等。数据挖掘则为人工智能提供了丰富的训练数据和模型评估标准。两者的结合推动了人工智能领域的发展。在人工智能技术的帮助下，数据挖掘成为获取知识、发现模式、支持决策的重要手段。通过充分挖掘和利用数据，数据挖掘技术为企业、科研机构、政府等提供了更加智能、高效的决策和管理支持，也为人工智能的发展提供了源源不断的动力。随着技术的不断进步，数据挖掘将继续在人工智能领域发挥重要作用，为社会创新和进步提供有力支持。

（三）主体及多主体系统

人工智能领域的研究已经取得了巨大的进展，其中主体系统和多主体系统是引人注目的研究方向之一。主体系统是具有复杂心智状态的实体，包括信念、愿望、意图、能力、选择和承诺等。与普通对象相比，主体系统的粒度更大、智能性更高，具有一定的自主性。主体系统的研究旨在使机器能够自治地、独立地完成任务，并与环境交互，与其他主体通信，通过规划来实现设定的目标。多主体系统研究则关注在逻辑上或物理上分离的多个主体之间的协调智能行为。这种系统的最终目标是实现问题求解，通过多个主体之间的协同合作来达到共同的目标。多主体系统在模拟人的理性行为方面发挥着重要作用，特别是在对现实世界和社会的模拟、机器人及智能机械等领域。

人工智能的发展历程经历了从启发式算法到专家系统再到知识工程的演进。在这个演进过程中，多符号主义一直处于主导地位。符号主义学派认为人工智能的基础源于数学逻辑。其核心思想是通过模拟人的左脑抽象逻辑思维，研究人类认知系统的功能机理，使用某种符号来描述人类的认知过程，并将这些符号输入能够处理符号的计算机中，以此来模拟人类活动。随着人工智能研究的不断深入，越来越多基于主体系统和多主体系统的研究成果涌现出来。这些成果不仅丰富了我们对人工智能的理解，还为实现更智能化、协同化的系统提供了有力支持。在人工智能的未来发展中，主体系统和多主体系统将继续发挥重要作用，推动着这一领域不断创新和进步。

二、人工智能的研究方法

自人工智能的概念诞生以来，学界逐渐形成了三大研究学派暨研究方法，即符号主义、连接主义和行为主义。这三大学派从不同的侧面研究了人的自然智能与人脑的思维模型之间的对应关系，为人工智能的发展奠定了理论基础。符号主义是一种重要的人工智能研究方法，其主要关注抽象思维的表示和处理。符号主义认为人类的思维可以通过符号和规则来描述，从而建立起对人类智能的理解。这种方法强调符号之间的关系和符号系统的推理能力。符号主义在推理、知识表示和问题解决等方面取得了一些重要的成果，但也面临着符号处理的复杂性和对大量知识的需求等挑战。连接主义是另一种重要的研究方法，主要关注形象思维的模拟和模型构建。连接主义模型基于神经网络的思想，试图通过模拟神经元之间的连接来实现智能行为。这种方法强调从经验中学习，并通过调整连接权重来适应不同的任务。连接主义在模式识别、语音识别和图像处理等领域取得了显著的进展，但也面临着训练需要大量数据和计算资源的问题。行为主义是一种更加注重行为和反馈的研究方法。行为主义关注通过观察和实验来理解行为，并试图通过建立与环境的交互来模拟智能行为。尽管行为主义在早期对学习理论的研究中起到了一定作用，但在后来的发展中受到了一些限制，特别是在处理复杂的认知任务方面。

随着时间的推移，这三大学派的研究方法逐渐融合和交叉，形成了更加综合的研究框架。人工智能的发展不局限于单一的方法，而是借鉴和整合了多种研究思路。例如，符号主义和连接主义的结合，即符号连接主义，尝试在认知模型中同时考虑符号和神经网络的优势。在当今人工智能领域，随着深度学习等技术的崛起，连接主义方法得到了更为广泛的应用。深度学习模型通过多层次的神经网络学习表示，取得了在图像、语言处理等任务上的显著成果。同时，符号主义的一些思想在知识图谱、推理引擎等方面仍然具有重要价值。行为主义的思想也在强化学习等领域发挥作用，通过智能体与环境的交互来实现对智能行为的学习。人工智能的研究方法呈现出多元化和综合化的趋势，不同学派的思想相互交汇，共同推动着人工智能领域的不断发展。符号主义、连接主义和行为主义的融合为人工智能的未来提供了更为丰富和多样化的研究方向，为我们理解和模拟人类智能提供了更为全面的视角。

（一）符号主义

符号主义是一种基于逻辑推理的智能模拟方法，它在人工智能领域长期占据主导地位，经历了从"启发式算法"到"专家系统"再到"知识工程"的发展过程。符号主义又被称为逻辑主义、心理学派或计算机学派，其核心原理包括物理符号系统假设和有限合理性。物理符号系统假设认为，智能行为可以通过操作符号的方式来实现。符号被赋予了特定的含义，通过对这些符号进行逻辑推理和操作，系统能够表达和处理复杂的信息。这一思想奠定了符号主义在人工智能中的应用基础，强调通过符号的形式来模拟人类的认知过程。有限合理性，即在处理信息和做出决策时，系统的理性是有限的。这与人类在现实环境中面对信息不完全和不确定性时所展现的有限理性相符。

符号主义试图通过模拟人类有限的认知能力来构建能够解决问题的智能系统。在符号主义的早期阶段，研究者们尝试通过启发式算法来模拟人类的问题解决过程。这些算法基于经验和启发式规则，但受限于规模和复杂性。随着对知识表示和推理的深入研究，符号主义在专家系统的发展中取得了巨大成功。专家系统利用符号主义的逻辑推理来解决特定领域的问题，将专家的知识以符号的形式嵌入系统。符号主义的研究逐渐演变为知识工程，强调从专家处获取知识，并将这些知识形式化为计算机可处理的符号表示。这一过程使得系统能够进行复杂的推理和问题求解。符号主义学派认为人工智能源于数学逻辑，其实质在于模拟人的左脑抽象逻辑思维。通过研究人类认知系统的功能机理，符号主义试图用符号来描述人类的认知过程，并将这些符号输入能够处理符号的计算机，以实现对人类认知过程的模拟，从而达到模拟人类活动的目标。

符号主义在人工智能发展历程中发挥了重要作用，为问题求解、知识表示和推理等领域提供了理论框架。然而，随着对复杂、不确定性问题的需求增加，连接主义等其他学派逐渐崭露头角，形成了多学派并存的格局，人工智能研究方法展现出多样性。

（二）连接主义

连接主义是由唐纳德·赫布在 1940 年代提出的理论与一种方法，逐渐成为人工智能、认知心理学、认知科学、神经科学和心理哲学等多个领域的关键概念。该理论有多种表现形式，其中最常见的形式是使用人工神经网络模型。在人工智能的研究中，连接主义方法为我们提供了一种深入理解认知过程和智能行为的途径。

唐纳德·赫布提出的赫布规则是联结主义的核心概念之一。该规则表明，当神经元 A 反复激活神经元 B 时，它们之间的连接强度会增加。这种"细胞共同激活就会联结"的思想成为连接主义学派的基石。在人工神经网络中，这一原理被用于构建模型，模拟人脑中神经元之间的相互作用。

人工神经网络是连接主义的主要实现方式之一。这些网络模型由大量的人工神经元组成，这些神经元通过联结相互交流。神经网络通过学习过程自动调整连接权重，从而使网络能够适应特定的任务。这种学习过程通常分为监督学习、无监督学习和强化学习等不同类型。在连接主义的研究方法中，监督学习是一种常见的方式。在监督学习中，神经网络通过输入与相应的输出之间的关系进行训练。通过反复调整连接权重，人工神经网络逐渐学会了从输入到输出的映射关系。这种方法在图像识别、语音识别等领域被广泛应用。无监督学习则侧重于发现数据中的模式和结构，而不需要明确的标签。这种方法在聚类、降维等任务中发挥重要作用。通过自主学习，神经网络可以识别数据中的内在规律，为后续任务提供有用的信息。强化学习是一种通过与环境的交互学习的方法，其中，智能体通过试错来获得奖励。这种学习方式在实现智能体在复杂环境中进行决策和行动时非常有用，例如在机器人控制、游戏玩法等方面。

除了人工神经网络，连接主义还包括其他形式的模型，如 Hopfield 网络、玻尔兹曼机等。这些模型在不同的任务和领域中展现出了各自的优势。在认知科学和心理学领域，连接主义提供了一种理解人类认知过程的角度。它通过模拟神经网络的方式来解释记忆、学习和决策等心理学现象，为我们揭示了大脑内部信息处理的可能机制。连接主义作为一种研究方法，不但在人工智能领域取得了显著成就，而且在认知科学和神经科学等领域也为我们提供了深刻的理解。通过模拟人脑神经网络的方式，连接主义为人工智能的发展和认知科学的进步做出了重要贡献。

（三）行为主义

行为主义，又称行动主义、进化主义或控制论学派，是一种模拟人类在控制过程中的智能活动和行为特性的理论框架。它强调通过观察行为来理解智能体的内在机制，关注个体如何对环境作出反应，从而实现自主、适应和学习的过程。在人工智能领域，行为主义对决策理论、规划和强化学习等方面产生了重要影响。

行为主义模型的核心思想是通过观察和记录个体的外部行为来推断其内在的认知和决策过程。这种方法强调实证主义，强调可观察的现象和可测量的行为。在人工智能领域，这一理论框架为研究智能体的决策过程提供了一种基于实证数据的方法。

决策理论在行为主义的框架下得到广泛应用。通过观察智能体在特定情境下的决策行为，研究者可以推断出其决策过程和判断标准。这对于构建智能体在复杂环境中做出自适应决策的模型具有重要意义。

规划是行为主义在人工智能领域的另一个重要应用。规划涉及智能体如何安排其行为以达到特定目标。通过观察和分析智能体在不同情境下的规划行为，研究者可以揭示其规划过程，为构建具有规划能力的智能体提供指导。

强化学习是行为主义在人工智能领域的一个重要分支。这种学习方式通过智能体与环境的交互，根据反馈信号调整其行为，以最大化累积奖励。强化学习在模拟人类学习和决策过程方面取得了显著的成就，尤其在机器人控制、游戏玩法等领域。

主体系统的研究是行为主义在人工智能领域的一个重要方向，包括对主体和多主体理论的深入探讨，主体的体系结构和组织的研究，以及对主体语言、协作和协调、通信和交互技术等方面的研究。

多主体学习是行为主义在人工智能领域的一个关键概念，通过模拟多个主体之间的合作和竞争关系，研究者可以更好地理解智能体在复杂社交环境中的行为。在多主体系统应用方面，行为主义为研究者提供了一种理解和搭建多个主体之间相互作用模型的方法。这在社交机器人、协作机器人和智能系统中具有潜在的应用前景。

行为主义在人工智能领域的研究方法为理解智能体的行为、决策和学习过程提供了重要的视角。通过结合实证观察和建模技术，行为主义为构建更智能、适应性更强的人工智能系统提供了有力的支持。

第四节　人工智能时代需要的人才

人才被誉为创新的第一资源，而在人工智能时代，高技能人才更是促进产业升级、推动高质量发展的不可或缺的支撑。工业强国都是技师技工的大国，然而，我国在建设"技工大国""技能强国"方面仍然面临明显的人才瓶颈。2018年，我国技能劳动者仅占就业人员总量的 21.3%，而高技能人才仅占技能劳动者总数的 29%。特别是在人工智能领域，拥有 10 年从业经验的人才仅占 38.7%。

技术的不断更新与人力投入之间存在着显著的替代效应。许多传统职业，如保安和翻译，都可能面临被人工智能取代的风险。楼宇配送机器人的出现可能剥夺快递员的工作机会。然而，互联网的迅速发展也催生了一系列新兴岗位，如界面（UI）设计师、安卓/苹果（Android/iOS）程序员、互联网产品经理等，这些岗位正蓬勃发展。一项全球评估显示，到 2030 年，有 30% 的工作活动有望实现自动化。在人工智能时代，有关人工智能可能大规模替代人类工作岗位的预测一直是备受关注的热门话题。面对这一挑战，究竟什么样的技能人才能够赶上时代的列车呢？

合格的技能技术人才需要实现从态度到实践、从理念到行为、从内在到外在的全面跃迁。这包括在理念层面的转变，要有积极的态度面对科技的发展，认识到人工智能是一种工具而非取代人类的终极力量。在专业层面，技能人才需要具备与机器合作、对话、竞争的能力，掌握与人工智能系统进行有效互动的技能。在实践层面，不仅要适应新技术的使用，还要具备不断学习和更新知识的能力。技能人才需要具备与人工智能系统对话的能力。这包括对自然语言处理、语音识别等方面的理解和应用。人工智能时代，与机器进行高效沟通成为关键，技能人才需要与智能系统进行无障碍的对话，以更好地完成各类任务。合格的技能人才还需要具备与机器竞争的能力。这并不是与机器进行直接的竞争，而是通过不断提升自身的技能和创新能力，使机器无法替代其在特定领域的优势。技能人才应当关注提升自身的创造力、问题解决能力以及对新技术的敏感度。

在互联网时代，创新性的思维和实践是培养技能人才的关键。新岗位的涌现表明，随着技术的发展，社会对创新型人才的需求也在不断增加。界面设计师、程序员、产品经理等岗位的崛起，为那些具备创新思维和实际操作能力的人提供了更广阔的发展空间。在面对自动化可能带来的工作岗位变革时，教育体系也需要进行相应的调整。培养更多具备人工智能时代所需技能的人才，不仅需要在专业领域进行深入培养，还需要强调创新和跨学科的综合素养。学校和培训机构应当更加注重培养学生的实际动手能力、创新精神以及与人工智能系统的互动能力。人工智能时代需要具备全面素养的技能人才，他们不仅要在技术方面有所突破，更需要在思维方式、沟通能力和创新意识等方面保持敏锐。通过适应新技术、具备与机器对话的能力、提升创新思维，技能人才将更好地适应并引领人工智能时代的发展。在这个变革的时代，持续学习、不断进化的态度将成为成功的关键。

一、有工匠精神的"螺丝钉"

理念作为行为的先导，在培养技能人才方面具有至关重要的作用。科学而超前的理念有助于引导技能人才专注于技艺的磨炼与提升，使其在快节奏、多变的社会环境中坚守初心，不受外界的诱惑。在这一背景下，政府和企业的理念引领将对技能人才队伍的培养产生深远的影响。2016 年《政府工作报告》提出培育精益求精的工匠精神，这一理念的提出旨在弘扬劳动精神，促使技能人才在各自领域追求卓越。这种理念的核心是追求卓越，强调在技艺方面的不断磨炼与提升。对技能人才而言，这不仅是工作方式的改变，更是一种精神层面的追求，激发了他们对技术的热爱和对卓越的追求。

百度公司创始人李彦宏在演讲中提到："互联网只是前菜，人工智能才是主菜。"这一科学而超前的理念表达了他对技术发展的深刻洞察，也呼吁技能人才要把握时代机遇，更加关注人工智能领域的发展。这种理念引导技能人才不仅要具备互联网时代所需的技能，更要积极学习和适应人工智能时代的新要求，保持对前沿技术的敏感性。对于技能人才而言，人工智能时代并非终结，而是一个新时代的开始。这一理念的提出改变了人们对人工智能的看法，使其看到了新的机遇和挑战。在这个时代，技能人才需要具备更高水平的技能和更具前瞻性的眼光。他们需要在技术研发、创新和应用方面发挥更大的作用，引领行业不断向前发展。

面对国内和国际形势的变化，应该认识到，我国在基础理论研究和高新技术开发方面仍须加大投入力度。这也呼吁我们要寻找新时代的工匠，培养具备国际竞争力的技能人才。在这一过程中，理念的引领将是关键，要培养技能人才具有开拓创新的精神，不断超越自我，为国家科技发展做出更大的贡献。新时代的技能人才更应该具有前瞻性的眼光和思维，他们需要走出思维定式，打破水桶"短板"，实现技术、人际和概念技能的整体性推进。前瞻性的眼光意味着对未来发展趋势的深刻理解，而这种理念将指导技能人才在实际工作中更好地把握机遇，做出明智的决策。科学而超前的理念将有助于培养具备前瞻性眼光、卓越技能、创新精神的技能人才。

政府、企业和教育机构应当共同努力，通过理念的引领，为技能人才的培养提供更为有力的支持，使其能够更好地适应和引领人工智能时代的发展。只有具备高度技术水平和前瞻性思维的技能人才，才能在激烈的国际竞争中脱颖而出，为国家的科技创新和产业升级贡献力量。

二、有真才实学的"金刚钻"

人工智能时代的来临带来了新兴的职业领域，需要大量具备特定技能和知识的人才。一些以前鲜为人知的职位，如自然语言处理工程师、语音识别工程师以及人工智能、机器人产品经理等，成为市场上备受关注的职业。甚至有人预测，未来可能会涌现出机器人道德评估师、机器人暴力评估师等新兴职业。

在这个新的职业格局中，传统职位也需要转型，例如从互联网报道的媒体人转变为从事人工智能领域垂直媒体工作。对于人工智能时代的技能人才而言，专业知识是至关重要的。他们需要具备扎实的专业背景，不仅了解理论知识，还要熟练掌握先进的技术和方法。然而，仅有专业知识还不够，这些人才还需要具备将自己掌握的理论、知识和先进做法推广应用的能力。这涉及将技术成果转化为实际应用，为人工智能技术的落地提供支持。

面对大数据、人工智能、区块链等领域提出的知识化挑战，培养一批具有真才实学的执行者变得尤为重要。这些执行者应该具备广泛的知识和实践经验，能够全面理解并应对复杂的技术挑战。他们被比喻为能够"揽瓷器活"的"金刚钻"，即在高科技领域中游刃有余，具备出色的执行力和解决问题的能力。技能型人才队伍的建设需要层次分明、分门别类的策略。对于那些当前我国处于零起点、空白状态的领域，应该培养具备从零开始攻关的特定人才。这可能需要这些人才具备创新精神、敢于冒险、有耐心、有毅力，以便在未知领域中快速掌握核心技能。与此同时，对于当前急需的大数据分析、人工智能、智慧政府等方面的人才建设与培养，也应该加大力度。这需要建立与市场需求紧密对接的人才培养体系，通过提供实际案例、项目实践等方式，让学生能够快速掌握所需技能。这样的人才培养体系有助于构建一支能够满足我国全门类制造需求的人才队伍。在人才培养方面，还需要重视跨学科的培训，培养具备多领域知识和技能的复合型人才。人工智能的发展涉及计算机科学、数学、统计学、工程学等多个领域，跨学科的人才更能够在复杂的问题中提供创新的解决方案。此外，培养人才的创业意识和团队协作能力也是重要的一环。在人工智能时代，很多创新和应用需要团队协作，培养人才的团队协作精神将有助于推动技术创新和产业发展。人工智能时代需要具备专业知识、实践能力和团队协作精神的多层次、多领域的人才队伍。通过有针对性的培训和教育，我们能够更好地应对技术发展的挑战，推动人工智能技术的创新与应用。

三、有进取意识的"学习者"

在人工智能时代，知识传播和消费模式的改变不但提升了技术变现的效率，而且缩短了人才从书桌走向生产线的时间。这样的变革对技能型人才提出了更高的要求，需要他们具备不断学习的心态，以适应不断变化的科技环境。在面对知识爆炸和去中心化的传播模式时，技能型人才需要始终保持善于学习的心态。他们应该时刻关注理论研究的前沿，不断更新自己的专业知识库。这种不断学习的态度是个人适应人工智能时代迅速变化的科技格局的关键。只有不断更新知识，不断提升技能，个人才能在激烈的竞争中立于不败之地。研究表明，人工智能时代的来临以及智能机器人在生产线上的广泛替代，催生了新兴行业。例如，针对人工智能可能导致的人类身心问题，会产生新的适应性岗位。这些岗位需要人们探索天人关系、人机关系、机机关系，并以此重新定义产品和技术的实现方式。这种情况下，新知识、新能力成为必备，那些不具备先进知识的工人可能会被时代淘汰。因此，新时代技能人才更应该具备终身学习的能力，以适应不断涌现的新行业和新领域。在人工智能时代，技能人才需要具备获取信息、知识的新途径。新兴信息技术的广泛应用使人们能够更便捷地获取所需信息，而技能人才需要充分利用这些技术，迅速获取并消化所需知识。不仅如此，他们还需要具备灵活运用所学知识的能力，通过实际操作和创新应用，提升知识运用的效率和质量。终身学习的理念是新时代技能人才的重要素养之一。技能人才需要不断适应新技术的发展，不断学习新知识，不仅为了自身的职业发展，更是为了保持竞争力和创新能力。这种积极的学习态度不仅有助于个体的成长，也推动了整个社会的科技进步和发展。此外，人工智能时代需要的技能人才还要具备团队协作和跨学科合作的能力。因为人工智能涉及多个领域，跨学科的合作更容易促成创新。同时，团队协作是解决复杂问题和推动项目进展的有效途径，技能人才需要具备良好的沟通、协调和团队领导能力。人工智能时代需要的技能人才必须具备持续学习的能力，善于适应科技发展的变化，具备获取、消化和应用新知识的能力。终身学习、团队协作、跨学科合作成为新时代技能人才的重要素养，为他们在竞争激烈的环境中取得成功提供了有力支持。

第五节　人工智能与安全

一、人工智能安全问题

人工智能在服务和赋能人类生产生活的同时，也带来了不容忽视的安全风险。2018 年 9 月 18 日，世界人工智能大会安全高端对话会发布了《人工智能安全白皮书》（以下简称《白皮书》）。《白皮书》称，技术的进步往往是一把"双刃剑"，人工智能作为一种通用目的技术，为保障国家网络空间安全，提升人类经济社会风险防控能力等方面提供了新手段和途径。但同时，人工智能在技术转化和应用场景落地过程中，由于技术的不确定性和应用的广泛性，也会产生网络安全、社会就业、法律伦理等问题，给国家政治、经济和社会安全带来诸多风险和挑战。《白皮书》将人工智能安全风险分为网络安全风险、数据安全风险、算法安全风险、信息安全风险、社会安全风险和国家安全风险六个方面。

（一）网络安全风险

人工智能的迅速发展在推动科技创新和社会进步的同时也引发了一系列网络安全风险。尤其是在人工智能学习框架和组件的使用中，存在潜在的安全漏洞风险，这可能导致系统安全问题。国内人工智能产品和应用的研发主要依赖于谷歌、微软、亚马逊、脸书、百度等科技巨头发布的人工智能学习框架和组件。这些开源框架和组件作为基础设施，为人工智能应用的开发提供了便利。然而，由于它们缺乏严格的测试管理和安全认证，存在着潜在的风险。在《白皮书》中指出，这些开源框架和组件可能存在漏洞和后门等安全隐患。这是因为开源社区的自由性和开放性虽然促进了创新和合作，但也使得对安全性的监管难以保证。缺乏严格的测试流程和安全认证，使得潜在的问题在开发阶段可能被忽略，为攻击者提供了可乘之机。一旦这些漏洞被攻击者恶意利用，可能危及人工智能产品和应用的完整性和可用性。这不仅是技术层面的问题，更关系社会和经济的稳定。人工智能在医疗、金融、交通等领域的广泛应用，使得潜在的攻击威胁变得更为严重，可能导致重大财产损失和恶劣的社会影响。与此同时，人工智能技术本身也具有提升网络攻击能力的特性，对现有网络安全防护体系构成威胁与挑战。攻击者可以利用人工智能的智能化和自适应性更精准地发动网络攻击，传统的防御手段可能不再有效。为了应对这一问题，有必要加强对人工智能学习框架和组件的测试管理和安全认证。开源社区和科技公司应该共同努力，建立更加完善的安全机制，确保在开发过程中及时发现和修复潜在的漏洞。此外，政府、行业协会等机构也应该参与其中，制定相关的标准和法规，推动人工智能安全性的整体提升。人工智能学习框架和组件的安全风险是一个需要高度关注的问题。通过合作与监管，我们可以更好地保护人工智能系统，确保其在推动社会进步的同时避免潜在的安全隐患。

（二）数据安全风险

人工智能技术的不断发展与应用在为社会带来便利的同时，也引发了一系列关于数据安全性和隐私问题的担忧。其中，逆向攻击和数据泄露成为人工智能安全领域的重要议题。一方面，逆向攻击可能导致算法模型内部的数据泄露，另一方面，人工智能技术的强大数据挖掘分析能力也加大了隐私泄露的风险。经典的案例之一是脸书公司数据泄露事件，这凸显了人工智能与数据安全之间的紧密联系。逆向攻击是指攻击者通过分析和逆向工程，试图从一个系统或模型中获取敏感信息。在人工智能领域，逆向攻击可能导致算法模型内部的数据泄露，进而威胁用户隐私和数据安全。一旦攻击者成功通过逆向工程得出算法的内部结构，就能够获得模型所基于的训练数据，从而了解模型的工作原理和潜在的弱点。这对于那些依赖机器学习算法进行敏感任务的应用来说，是一个严重的安全威胁。人工智能技术的高度数据挖掘分析能力也增强了隐私泄露的风险。通过对大量数据的深入挖掘，人工智能系统可以揭示用户的行为模式、个人喜好及其他敏感信息。这种信息的泄露可能导致曝光个人隐私，进而引发身份盗窃、诈骗等问题。脸书公司数据泄露事件就是一个典型的例子，该公司因未能妥善保护用户数据，导致数百万用户的个人信息被滥用，引发了广泛的社会关注和诸多法律纠纷。在处理逆向攻击和数据泄露的问题时，人工智能领域需要采取一系列的安全策略。首先，加强算法和模型的鲁棒性，采用防御性的技术手段，如模型混淆、敌对训练等，使攻击者更难以通过逆向工程建模。其次，强化数据隐私保护，通过数据脱敏、加密等手段降低隐私泄露的风险。再次，建立健全的法规和标准，明确人工智能系统在数据处理和隐私保护方面的责任和义务，对于规范行业行为和提升整体安全水平具有重要作用。最后，教育用户认识隐私保护的重要性，提高其对个人信息安全的警觉性，也是人工智能安全的一项重要任务。用户在使用人工智能应用时需要了解其数据收集和处理方式，并能够有选择地分享信息。只有在用户与开发者、运营商之间形成共识和信任的基础上，人工智能系统的安全性和隐私保护才能够得到有效的保障。

人工智能技术的广泛应用带来了便利和效益，但也伴随着安全和隐私问题的挑战。逆向攻击和数据泄露成为人工智能安全领域的关键问题，需要通过技术手段、法规标准以及用户教育等综合手段来加以解决。只有在保障了人工智能系统的安全性和隐私性的前提下，社会才能更加安心地享受人工智能带来的便捷和创新。

（三）算法安全风险

算法在设计和实施过程中存在误差和偏见，可能产生与预期不符乃至具有伤害性的结果，这引发了对人工智能与安全之间关系的深刻思考。算法设计或实施的误差、潜藏的偏见和歧视、算法黑箱导致的不可解释性、偏差训练数据的影响以及对抗样本攻击可能导致的误判、漏判。这些问题直接关系人工智能系统的公正性、透明性和鲁棒性。算法设计或实施中的误差可能导致与预期不符的结果甚至伤害性的后果。算法的设计和实施往往依赖于复杂的数学模型和大规模的数据集，而在这个过程中很难考虑所有可能的情况。误差可能源于算法本身的缺陷、数据采集的偏差或者是算法与实际场景不匹配。这种误差可能导致系统在某些情况下做出不准确的决策，甚至对个体造成实际的伤害。算法中的偏见和歧视问题引起了社会广泛关注。由于训练数据中存在的偏见，算法可能产生对某些群体或个体的不公平决策。这种歧视可能来自数据集本身的偏差，也可能是由算法模型的设计和优化引起的。这不仅损害了个体的权益，还可能加深社会不公平现象，因此如何减少和纠正算法中的偏见成了人工智能安全领域的迫切任务。

算法黑箱问题使得人工智能决策难以解释，进而引发了监督审查困境。许多深度学习模型如神经网络被认为是黑箱模型，其内部运作机制难以理解。这导致了算法决策的不透明性，监督机构难以审查和验证算法的公正性和准确性。这不仅影响了社会对人工智能系统的信任，也使得在算法发生错误时难以有效地进行追溯和修正。含有偏差的训练数据对算法模型的准确性产生影响。如果训练数据中存在偏见，算法将学习并强化这种偏见，导致模型在实际应用中做出不公平或错误的决策。因此，在构建训练数据时，必须审慎选择和清洗数据，以减少其中的潜在偏差，从而提高算法的公正性和准确性。对抗样本攻击可能诱使算法产生误判、漏判，产生错误结果。通过有意制造细微的修改，攻击者可以使算法对输入样本做出错误的分类或决策。这种攻击方式对于保障系统的鲁棒性和安全性构成了威胁，尤其是在涉及关键领域如医疗、金融和安全等方面。

解决这些问题需要多方面的努力。首先，算法设计和实施过程中需要引入更多的安全机制和检测手段，提高系统的鲁棒性。其次，应加强对训练数据的审核和清洗，降低数据偏差的影响。算法的设计应更加透明，能够解释其决策过程，以便于监管和审查。最后，对抗样本攻击方面需要加强模型的防御能力，确保系统在面对恶意攻击时能够保持稳定和可靠。在人工智能与安全的交叉领域，追求公正、透明、鲁棒的算法成为一个全球性的挑战。社会各界需要共同努力，包括政府、企业、学术界以及用户，共同推动人工智能系统的安全性和公正性，以确保其在广泛应用的同时能够真正造福人类社会。

（四）信息安全风险

智能推荐算法和人工智能技术的迅猛发展在信息传播领域带来了极大的便利，但也伴随着一系列信息安全隐患。其中，智能推荐算法的使用可能加速不良信息的传播，而人工智能技术更进一步地被滥用于制作虚假信息内容，用以实施诈骗等不法活动。这引起了社会广泛关注，突显了人工智能与安全之间的紧密联系，需要采取综合措施来保护公众免受此类犯罪活动的侵害。

智能推荐算法在信息传播中的角色需要引起关注。这些算法通过分析用户的历史行为、兴趣和偏好，将相关内容推送给用户，以提高用户体验。然而，信息的过滤和筛选使用户更容易接触到与其观点相符的信息，形成信息茧房。这也意味着不良信息可能更容易在特定群体中传播，从而引发社会问题，如偏见加剧、社会分裂等。滥用人工智能技术可能导致虚假信息内容的大量出现。以语音合成技术为例，犯罪分子利用这一技术伪造受害人亲属的声音，通过电话进行虚假的财务求助，实施诈骗行为。这种利用人工智能技术制造虚假信息的手段具有极大的欺骗性，给受害人带来了严重的经济和心理损害。因此，需要采取有效的技术手段和法规措施，防范这类犯罪活动。

在智能推荐算法和人工智能技术的发展中，社会需要加强对于这些技术应用的监管和规范，以确保其在提高效率和增加便利性的同时，不会对公众产生负面的影响。首先，制定更加明确和严格的法规，规范智能推荐算法和人工智能技术的使用。对于信息传播领域，应加强对于虚假信息和不良内容的监管，保障用户获取真实、有价值的信息。其次，在人工智能技术中加强对于滥用技术的防范，例如对语音合成技术进行更加严格的监控和检测。采用先进的技术手段，如声纹识别等，确保通信的真实性。再次，提高公众对于虚假信息和诈骗手段的识别能力，通过宣传教育等手段，使用户更加警觉于潜在的安全风险，建立更为健康的信息消费观念。最后，加强政府、企业、科研机构之间的合作，建立信息共享的机制，及时传递安全风险信息，共同应对新型的犯罪手段和威胁。鼓励人工智能领域的技术创新，研发更为安全可靠的算法和工具，以抵御潜在的滥用风险。

在智能推荐算法和人工智能技术的应用中，确保信息的真实性、用户的安全性是至关重要的。通过法规、技术手段、教育和多方合作等多方面的综合措施，可以更好地平衡人工智能的发展与社会的安全需求，为人们提供更加安全、可信的信息环境。

（五）社会安全风险

人工智能产业化的推进带来了许多积极的变革，但也伴随着一系列潜在的社会安全风险，包括就业减少、安全风险和伦理道德问题。

人工智能产业化的推进将导致部分现有就业岗位减少甚至消失，可能引发结构性失业问题。随着自动化和智能系统的广泛应用，一些传统的劳动力需求可能被机器所替代，这可能导致不再需要某些岗位，从而造成就业市场的变革。虽然新的就业机会可能会随之而来，但这需要人们具备更高水平的技能和适应能力，否则就可能导致失业。

高度自治的人工智能系统带来了人身安全的潜在威胁。这些系统具有独立决策和执行任务的能力，但也可能存在安全漏洞和错误判断，对人身安全构成风险。例如，在自动驾驶汽车中，如果系统发生故障或被攻击，可能导致交通事故，危及乘客和其他道路使用者的生命安全。因此，确保人工智能系统的安全性成为一项紧迫的任务，需要强化系统的防护机制和安全性测试。

人工智能产品和应用对现有社会伦理道德体系造成的冲击也是一个备受关注的问题。企业在追求自身利益最大化的过程中，往往分析用户数据，可能导致价格歧视等不公平现象。例如，某些服务提供公司通过基于用户行为的数据分析实施价格歧视，就会损害用户群体的权益。此外，脸书等社交媒体平台利用人工智能有针对性地向用户投放广告，可能包括游戏甚至某些不良网站的广告，从中获取巨大利益。

在应对这些问题时，需要综合考虑技术、法规和伦理等多个层面。首先，加强对人工智能系统的安全性监管，推动制定相关法规和标准，确保系统的可靠性和稳定性。其次，企业应当加强伦理意识，不仅关注短期经济利益，还要尊重用户，公正对待用户。同时，社会应当完善教育体系，培养适应未来就业市场需求的人才，减缓结构性失业的风险。再次，在人工智能与安全方面，技术研究和创新也是至关重要的。发展更加智能、自适应的安全技术，提高人工智能系统的抗攻击和自我修复能力，是确保人身安全的必要手段。最后，加强国际合作，共同应对人工智能产业化可能带来的全球性挑战，形成共识和规范。

人工智能产业化的推进带来了一系列重要的问题，包括就业减少、安全风险和伦理道德问题。通过全社会的努力，我们有望在人工智能的发展过程中取得平衡，实现科技和社会的共同进步。

（六）国家安全风险

人工智能在当今社会的广泛应用不仅带来了巨大的科技创新，也引发了一系列与国家安全相关的风险。其中包括对公众政治意识形态的影响、新型军事打击力量的构建，以及潜在的安全风险。人工智能的应用可能影响公众政治意识形态，成为间接威胁国家安全的一种手段。通过操纵信息、引导舆论，人工智能可以影响社会的价值观念和政治立场，从而对国家的整体稳定产生潜在威胁。此种情况下，国家需要建立健全的法律法规和伦理道德规范，以规范人工智能在政治领域的运用，保护公民的政治权益。人工智能的应用也可用于构建新型军事打击力量，直接威胁国家安全。在军事领域，人工智能可以提升战争的效率和精度，但也可能引发新的安全风险。因此，国家需要强化标准引领，构建安全评估体系，确保人工智能在军事领域的应用是安全可控的，不会对国家安全造成威胁。

《白皮书》中提出了八条人工智能安全发展建议，旨在引导人工智能产业的健康发展，同时保障国家安全。这八条人工智能安全发展建议涵盖多个方面，其中的关键点包括：国家应该加大对人工智能领域的研发投入，推动自主创新，特别是在共性关键技术上取得突破，降低对外依赖，提高技术安全性；建立健全的法律法规体系，制定伦理和道德规范，以规范人工智能的发展和应用，保护公民权益；建立有效的监管体系，监督人工智能产业的发展，确保其健康有序，不产生潜在的安全风险；制定和推动人工智能领域的标准，建立全面的安全评估体系，确保人工智能应用的安全性和可控性；鼓励不同产业之间的合作，共同应对人工智能带来的安全挑战，推动技术在安全方面的应用和创新；投资培养具备人工智能专业知识和安全技能的人才，提高整个社会对人工智能安全问题的认知水平；在国际层面积极交流合作，共同应对人工智能领域的共有安全风险，形成全球共识；加强对公众的宣传教育，提高公众对人工智能安全问题的认知，促使科学处理潜在的安全问题。

在政府层面，我国通过如《国务院关于印发新一代人工智能发展规划的通知》（国发〔2017〕35号）等文件，强调了在人工智能领域的重点任务。2019年6月，国家新一代人工智能治理专业委员会发布的《新一代人工智能治理原则——发展负责任的人工智能》为人工智能的安全发展提供了明确的方向，强调了和谐友好、公平公正、包容共享、尊重隐私、安全可控、共担责任、开放协作、敏捷治理八项关键原则，为推动人工智能的健康发展提供了指导。

人工智能在国家安全方面的影响不可忽视，需要综合运用法规、伦理规范、技术标准等手段，共同推动人工智能的安全发展。政府、产业界、学术界以及社会公众应共同努力，确保人工智能的应用是在安全可控的前提下，为社会带来更多积极的变革。

二、技术与应用层面的安全

（一）技术层面的安全

人工智能作为一项发展中的高新技术，尽管在各个领域取得了显著进展，但仍然面临着一系列安全隐患与技术缺陷。当前，人工智能技术尚未完全成熟，其中一些技术缺陷可能导致系统异常工作，从而引发安全风险。

尽管人工智能技术取得了显著的进展，但其在深度学习等方面仍存在一些技术缺陷。这些缺陷可能导致系统在某些情况下出现异常工作，影响其稳定性和可靠性。例如，在图像识别领域，深度学习模型可能对特定背景或光照条件过于敏感，导致误判或错误分类。这种异常工作可能在关键场景下引发安全隐患，如在自动驾驶汽车中的交通识别错误可能导致交通事故。

目前多数以深度学习为基础的人工智能技术都是基于云端或互联网开放平台的。然而，互联网本身存在漏洞，这些漏洞与人工智能技术本身的漏洞共同作用可能造成巨大的安全隐患。恶意攻击者可能通过网络漏洞入侵人工智能系统，篡改、破坏或窃取关键信息。因此，提升云端和互联网平台的安全性显得尤为迫切。

人工智能系统的设计和生产不当可能导致系统运行异常，进而带来潜在的安全风险。设计阶段需要充分考虑系统的鲁棒性、稳定性和容错性，以防止人工智能系统在面对未知情境时产生意外结果。同时，生产过程中需要对硬件和软件进行充分测试，确保系统在实际运行中的稳定性。为了解决人工智能技术基于互联网的安全问题，必须加强互联网安全技术的研究与应用，这包括强化网络防火墙、加密通信、身份验证和访问控制等手段，以有效抵御网络攻击和非法入侵。为了应对技术层面的安全挑战，人工智能系统需要提升自身的安全性，这包括采用更加健壮的算法和模型，加强对抗攻击的能力，以及实施严格的安全审计和监控机制，及时发现和应对潜在的威胁。在涉及无人驾驶汽车、智能机器人等实体设备的情境时，物理安全措施显得尤为重要，这包括确保设备的硬件安全，防范物理层面的攻击，同时加强对设备的访问控制，防止非法操控。为了提高人工智能系统的透明性，引入可解释性机制是一种有效手段。这可以使系统的决策过程更容易理解和解释，有助于检测和纠正系统的潜在偏见和错误。建立健全的法规与伦理框架对于人工智能技术的安全至关重要。国家和组织应该共同努力，制定相关法规，规范人工智能技术的研发、应用和监管，同时明确伦理准则，引导科技发展走向符合道德和社会价值观的方向。

人工智能技术的发展为社会带来了巨大的变革，然而安全隐患也随之而来。在解决技术缺陷、加强互联网安全、提升系统设计与生产质量以及完善安全防护技术等方面，需要全球科研机构、企业和政府加强协作，共同努力，确保人工智能技术的健康发展与社会安全。只有在全面考虑技术与安全的基础上，人工智能技术才能更好地造福人类社会。

（二）应用层面的安全

1. 防范滥用和恶意攻击

人工智能系统在今天的数字化社会中扮演着重要角色，然而，其普及和广泛应用也使其成为潜在的恶意行为目标。这些恶意行为可能包括滥用、破坏性攻击以及其他形式的安全威胁。为了确保人工智能系统的安全性，制定并实施强有力的安全政策至关重要。同时，采用先进的技术手段如防火墙、入侵检测系统等也是确保系统安全的关键步骤。

制定和实施强有力的安全政策对于保护人工智能系统至关重要。这需要从组织层面建立清晰的安全标准和流程，确保人工智能系统的设计、开发和运行都符合最高的安全标准。安全政策应该包括对系统访问的控制、用户身份验证、数据隐私保护等方面的规定，以降低潜在的安全威胁。

采用防火墙是防范恶意行为的重要手段之一。防火墙可以有效地监控和控制网络流量，阻止未经授权的访问和恶意攻击。在人工智能系统中，设置防火墙不仅可以保护系统本身，还可以防范对系统中敏感数据的非法访问。定期更新防火墙规则，适应不断变化的安全威胁，是确保防火墙有效性的关键。

入侵检测系统也是人工智能系统安全的关键组成部分。这些系统能够监控系统和网络活动，及时发现异常行为并采取相应措施。通过使用机器学习和模式识别技术，入侵检测系统能够识别新型的安全威胁，并及时应对。在人工智能系统中，及时发现并应对潜在的威胁对于系统的整体安全至关重要。

除了技术手段，教育和培训也是确保人工智能系统安全的重要环节。系统管理员和终端用户需要了解安全最佳实践，遵守安全政策，并能够识别潜在的安全风险。定期的安全培训可以提高相关人员的安全意识，降低系统被攻击的风险。

确保人工智能系统安全需要综合考虑组织层面的安全政策制定、技术手段的采用、教育培训等多个方面。只有采取综合性的安全措施，才能有效地应对潜在的恶意行为威胁，保护人工智能系统的稳定和可靠运行。

2. 漏洞管理和更新

定期审查和更新人工智能系统是确保其安全性的关键一环。在人工智能与应用层面的安全领域，不仅需要建立强有力的安全政策和采用防火墙、入侵检测系统等技术手段，还需要注重对系统的定期审查和漏洞修补，以应对不断变化的安全威胁和攻击。

定期审查人工智能系统是确保其安全性的必要手段之一。审查的目的是检查系统的设计、实施和运行是否符合安全标准，并发现潜在的漏洞和弱点。这包括对系统的硬件、软件、网络架构等方面进行全面的检查，以确保系统在各个层面都具备足够的安全性。审查的频率应根据系统的重要性和复杂性而定，但一般而言，定期的审查是至关重要的。在审查的过程中，需要关注系统的权限控制、身份验证机制、数据加密等方面的安全性设计。检查系统是否有足够的保护措施来防范未经授权的访问和数据泄露。同时，审查人工智能算法和模型的安全性，确保其在处理数据时不会受到恶意攻击或滥用。审查还应包括对系统日志的分析，以及对异常行为和安全事件的及时响应。

定期更新人工智能系统是应对潜在漏洞和威胁的有效手段。随着技术的不断进步和安全威胁的不断演变，及时更新系统是保持其安全性的重要途径。更新可以包括修补已知漏洞、升级安全补丁、更新防火墙规则等。此外，对人工智能算法和模型的更新也是重要的，这可以纠正可能存在的安全问题并提高系统的抗攻击性。更新人工智能系统时，需要确保系统的正常运行不受到过多的干扰。因此，通常会采用分阶段、计划合理的更新策略。这包括在非工作时间进行更新、备份重要数据、进行系统测试等步骤，以最小化对业务运作的影响。同时，建议在更新前进行详细的风险评估，确保更新不会导致新的安全问题。

此外，与定期审查和更新密切相关的是建立有效的漏洞管理和应急响应机制。漏洞管理包括漏洞的识别、评估、报告和修复过程。应急响应机制则是在发生安全事件时能够快速、有序地做出反应，降低损失和风险。

在人工智能与应用层面的安全中，定期审查和更新人工智能系统是确保其安全性的关键步骤。通过审查，可以发现系统潜在的安全隐患；通过更新，可以及时修补已知漏洞，提高系统的安全性。这一过程需要综合考虑系统的各个方面，包括硬件、软件、算法等，并采用科学合理的方法，以确保人工智能系统能够在不断变化的安全威胁中保持稳健和可靠。

第二章 人工智能背景下的教育要素与活动

第一节 人工智能背景下的教育教学领域

一、人工智能对教育教学的意义

（一）人工智能是实现终身学习的基础

在人工智能时代，教育领域正在经历着深刻的变革，学校的教学模式和学生的学习方式将迎来新的改变。传统概念中，学校和课堂被视为获取知识的唯一场所的理念正在被打破，而未来的教育将更加注重终身学习，社会也将逐步走向学习型社会。在这个新的教育格局下，人工智能技术将起到关键作用，推动教学环境虚拟化、学习资源共享化和教学方式交互化。

终身学习的理念使得学校和课堂不再是获取知识的唯一场所。随着信息技术的不断变革和终身学习理念的提出，未来的教育将更加注重个体的全生命周期学习。这意味着学生不再受制于特定的学习时间和学习空间，而是可以通过各种渠道、方式随时随地获取知识。人工智能技术的发展使得学习更加灵活，个体可以根据自身需求制订学习计划，构建个性化的学习路径，实现真正的个性化学习体验。在人工智能条件下，信息资源的获取变得更加便捷，个体可以通过互联网等途径获取丰富的知识。这种便捷性不仅拓宽了学习者的视野，还提高了学习效率。同时，通过虚拟化的教学环境，学习资源的共享成为可能，解决了部分地区由于教育资源不足而导致的教育不公平问题。学习者可以在全球范围内共享高质量的教育资源，打破了地域限制，使学习机会更加平等。

教学环境的虚拟化也带来了学习方式的交互化。人工智能技术为个性化学习提供了支持，通过分析学习者的行为和需求，定制个性化的教学内容和方式。智能化的教育平台可以根据学生的学习习惯、兴趣和水平推荐适合的学习资源，提供个性化的学习体验。这不仅增强了学习者的参与度和积极性，也提高了学习效果。虚拟化的教学环境使教育资源不再受时空限制，学习门槛降低。以前只有通过考试才能进入某一学府学习知识，而今大多数优质的课程资源都是免费开放的，这使有意愿学习的人不再因为入学限制而受阻，个体在学习的过程中更加自由和愉悦。人工智能技术的应用使学习变得更加个性化、自主化，激发了人们追求自我提升的意愿。

人工智能时代下的教育教学领域正在迎来深刻的变革。终身学习理念、虚拟化的教学环境、学习资源共享化以及个性化的学习方式将成为未来教育的主要特征。这些变革将为学生提供更灵活、个性化的学习体验，推动社会向学习型社会的方向发展。人工智能技术的不断创新将在教育领域发挥越来越重要的作用，为个体提供更广阔的学习空间和更丰富的学习资源。

（二）人工智能是教学改革的技术基础

随着人工智能的发展，教育教学领域正经历着革命性的变革，这一变革不仅改变了传统的课堂教学方式，还深刻影响了学生的学习方式和高校的学术氛围。人工智能技术为学生提供了更加个性化、灵活、注重互动的学习环境，从而推动了学生由传统的被动学习向主动学习的转变，由按部就班的课堂学习向新式学习方法的转变，以及由个体单独学习向合作式学习的转变。

人工智能技术为学生提供了更加个性化和自主的学习体验。传统的课堂灌输式教学往往难以满足不同学生的个性化需求，而人工智能系统通过分析学生的学习风格、兴趣爱好、学科水平等数据，可以为每位学生量身定制个性化的学习计划和教学资源。这种个性化的学习方式让学生更容易找到自己的兴趣点，激发学习的主动性和积极性。

人工智能技术改变了传统学习方法，使学生能够更加灵活地安排学习时间和方式。传统的按部就班的课堂学习方式可能无法适应每个学生的学习速度和节奏，而人工智能系统支持自主学习，学生可以根据自己的学习进度和时间安排，选择适合自己的学习路径。这种灵活性使学生能够更好地满足个体差异，提高学习效率。

人工智能促进了学生由个体单独学习向合作式学习的转变。通过在线平台、虚拟协作工具等技术手段，学生可以轻松地与同学、教师及全球范围内的其他学习者互动和合作。人工智能系统支持学生通过讨论、分享经验、共同解决问题等方式形成协作学习的氛围，使学生能够从集体智慧中获益。这种合作式学习不仅有助于学科知识的深入理解，还培养了学生的团队合作和沟通能力。

在教学领域改革中，人工智能技术的应用是至关重要的。首先，人工智能系统通过大数据分析和机器学习算法，能够更好地理解学生的学习需求和行为模式，为个性化学习提供有力支持。其次，人工智能系统能够提供丰富多样的学习资源，包括在线课程、教学视频、虚拟实验等，使学生能够更广泛地获取知识。再次，人工智能系统通过智能辅助教学，为教师和学生提供更精准、实时的反馈，促进学习过程的优化。最后，人工智能技术的应用也推动了教育界的创新，促使教育科研和教学方法不断进步。

人工智能在教育教学领域的应用也面临一些挑战，例如隐私保护、数据安全、算法公正性等问题需要得到重视和解决。同时，需要教育机构和决策者积极采取措施，确保人工智能系统的使用符合教育伦理和法规，维护学生的合法权益。

人工智能背景下的教育领域正在迎来深刻的变革。通过推动学生由被动学习向主动学习的转变，采用新方法的学习方式，以及促进合作式学习，人工智能技术为教育带来了新的机遇和挑战。这一变革不仅提升了学生的学习体验和效果，也推动了教育理念和方法的创新，为培养更具创造力、合作精神和适应能力的未来人才奠定了基础。

1. 人工智能技术促进教学优化

人工智能的出现在教育教学领域引入了创新性的变革，尤其是在改变传统课堂的知识传授方式、提升学习资源的丰富度及改善学习体验等方面。与传统课堂单一的、缺乏趣味性的讲授方式相比,人工智能的辅助教学为教育者和学习者提供了更多样化、生动有趣的学习方式。这不仅丰富了教育教学手段,也使学生能够更直观地感受知识的力量,从而提升了学习动力、学习兴趣和参与度。

人工智能的辅助教学使得课堂知识传授方式更加多样。传统课堂上,教学方式以教师讲解为主,而人工智能技术的引入为教育者提供了更加灵活的教学工具。通过虚拟现实(VR)、增强现实(AR)、在线模拟实验等技术手段,教师可以创造出生动的场景,让学生在虚拟的环境中进行学习,提高知识呈现形式的多样性。这种创新性的教学方式不仅使学生对知识的理解更为深刻,还激发了他们的学习兴趣。

人工智能技术为学习者提供了更丰富的学习资源。传统教学中,学习资源有限,学生往往只能通过教材、讲义等有限的资料获取知识。而在人工智能的辅助下,教师可以利用各种强大的软件系统,整合并提供更为广泛、深入的学习资源。这包括在线课程、教学视频、虚拟实验、模拟场景等,使学生能够更全面地学习相关知识,满足不同学习风格和兴趣的需求。

教学数字化是人工智能技术带给教师的便利。通过数字化工具,教师可以更轻松地寻找、整理和利用各类教学资源。从庞大的教学资源库中,教师可以灵活选择适合学生的知识内容和教学方法,为课堂内容的设计提供了更自由、高效的途径。而且,数字化工具还支持在线评估、实时反馈等功能,使教学过程更具针对性和个性化。

教育教学领域的人工智能应用也助推了教学模式的创新,促成了线上线下混合式教学。传统的线下课堂和在线学习逐渐融合,形成更灵活的学习模式。学生可以在虚拟环境中学习,同时保留了传统课堂的实体交流与社交功能。这种混合式教学方式既充分利用了人工智能技术的优势,又维持了传统教育的人际交往和互动。借助人工智能技术,学习者可以在虚拟的网络环境中充实自己,学习知识。通过在线平台和虚拟技术,学生可以参与虚拟实践、互动模拟等学习活动,使得学习不再受制于时间和空间的限制。这种灵活性和便利性让学生更容易融入学习过程,提高其学习动力。在虚拟网络环境中,学生可以与教育者和其他学习者进行交流互动,形成学习社群,共同分享知识和经验,从而提升学习效果。

人工智能背景下的教育教学领域经历了深刻的变革。通过提供多样化的学习方式、丰富的学习资源、虚拟的网络环境，人工智能技术为教师和学生创造了更为丰富、灵活的教学、学习环境。这种创新性的教学方式不仅提高了学生的学习动力和兴趣，也助力了教学效果的提质增效。在未来，随着人工智能技术的不断发展，教育教学模式将继续创新，为培养更具创造力和适应力的新一代学生奠定坚实基础。

在人工智能背景下，真实情景教学成为教育教学领域中的一项重要变革。这一变革不仅提高了学生的参与度和学习目标的明确性，还通过合作式学习让学生在真实场景中共同探索新知，充分体现了体验式和探索式学习的理念。这种教学模式的转变改变了传统教学中缺乏真实情境依托，只能依靠图片或简单视频呈现知识的弊端。借助人工智能虚拟技术，教育者可以创造更为自由、真实的场景和空间，通过强大的软件系统提供更真实的学习体验，增强学生的理解程度，进一步提升教学效果。

真实情景教学能够显著提高学生的参与度。相比传统课堂模式，真实情景教学使学生能够亲身体验和应用所学知识，从而更加主动地参与学习过程。通过模拟真实场景，学生不仅能够理论性地学习知识，还能够在实践中应用、测试和巩固所学内容。这种参与式学习能够激发学生的学习兴趣，提高他们对知识的理解和记忆。

真实情景教学使学生的学习目标更加明确。通过将学习置于真实情景中，学生能够更清晰地理解学科知识与实际应用的关系。教育者可以设计具体的情境，使学生直面真实问题，并运用学科知识解决这些问题。这样的学习方式不仅使学生能够更好地理解学科的实际应用，还能够培养他们解决问题的能力和实际应用能力。

真实情景教学通过合作式学习促进了学生之间的互动与合作。在真实场景中，学生往往需要共同合作来解决问题、完成任务。这种合作式学习模式不仅培养了学生的团队协作能力，还促使他们共同探索新知识。人工智能技术在合作式学习中起到了积极的推动作用，通过在线协作平台和虚拟技术，学生可以跨越时空限制，共同参与虚拟场景中的学习活动，推动了学生合作式学习的深入发展。

在教学活动中充分使用人工智能虚拟技术，教师可以创造更自由的场景和空间，以提供更为真实的学习体验。通过虚拟现实和增强现实技术，学生可以沉浸在虚拟的学习环境中，与所学知识进行互动。教师可以使用功能强大的软件系统设计模拟实验、情境演练等学习场景，使学生有身临其境的感觉。这种体验式学习不仅激发了学生的好奇心和求知欲，还使学科知识更加贴近实际应用，为学生提供更为深刻的学习体验。

人工智能背景下的真实情景教学突破了传统教学的局限，使学生从被动地接受知识转变为主动探索、参与实践的学习者。这一教育创新借助人工智能技术，为教育者提供了更多可能性，推动了教学方法的升级和学科知识的实际应用。随着技术的不断发展，真实情景教学将在人工智能的引领下继续发展，为学生提供更为深刻、有趣、实用的学习经验。

在传统教学课堂中，师生之间存在信息交流不充分、信息不对称的问题。学生通常被动跟随教师学习，导致学习效果不尽理想，教师难以准确了解每个学生的学习情况和知识掌握程度。随着人工智能技术的引入，交互式教学平台的支持使得师生之间的交流更加紧密、高效。教师可以通过软件的大数据跟踪与采集了解学生的学习情况，针对不同的学情和掌握程度调整教学内容和方式，从而提高教学的效果。交互式教学平台增加了师生之间的互动，弥补了传统课堂时间不足导致的师生交流较少的问题。

人工智能技术的交互支持促进了师生之间的信息对称。传统教学中，学生在课堂上往往是被动接受知识，而教师难以全面了解每个学生的学习需求和理解程度。通过交互式教学平台，教师能够根据学生的学习数据和表现，更精准地了解每个学生的学习状况。这种信息对称使教师能够更个性化地指导学生，满足不同学生的学习需求，提高教学效果。

人工智能技术的应用改变了传统教学中师生之间的互动模式。在传统课堂上，学生往往不容易与教师建立紧密的互动关系，而人工智能技术提供了一个交互式教学平台。教师可以通过在线教学平台实时了解学生的提问、回答和学习反馈，及时指导和反馈。同时，学生也能在学习过程中随时向教师请教疑问，形成更加积极的学习态度。这种互动模式的改变使得师生之间的交流更加顺畅和高效。交互式教学平台为学生提供了及时请教的机会。在传统教学中，学生在课堂上可能因为时间有限或者害怕被认为问题无足轻重而不敢提问。而通过交互式教学平台，学生可以在学习时随时与教师互动，提出疑问，获得及时的解答和指导。这为学生创造了更为开放、自由的学习环境，让每个学生都有了表达自己思想和观点的机会，提高了学习的主动性和深度。交互式教学平台成为师生互动的载体，扮演着桥梁的角色。

通过人工智能技术，教师能够在线提供学习资源、制订学习计划，并及时跟踪学生的学习进展。学生则可以通过平台获取教学内容、提交作业、参与在线讨论等。这种便捷的师生互动方式不仅拓宽了学生获取知识的途径，也为教师提供了更为直观的了解学生学习情况的工具，促进了教学效果的提升。在人工智能背景下，师生之间的交流不再受制于传统课堂时间和空间的限制，通过交互式教学平台，学生能够更积极地参与学习，教师也能更全面地了解学生的学习情况。这种变革不仅提高了教学的效率，还加强了师生之间的互动和沟通，创造了更为开放、自由、高效的学习环境。随着人工智能技术的不断发展，师生交流的方式将继续创新，为教育教学领域带来更多的可能性和机遇。

2. 人工智能技术有助于学生实现自主学习

在人工智能背景下，自主学习成为教育教学领域中的一项重要变革。自主学习指的是学生在学习过程中不再被动接受教育，而是主动利用各种学习资源自由学习，表现出内在的学习动机、自我调节和求知欲，从而取得更多的知识资源。理想的自主学习环境下，学生能够自主解决学习中的问题，进行合作探索，而教师则扮演着学生的辅助者角色。这一自主学习过程需要在良好的信息技术环境中进行，以确保有丰富开放的学习资源作为前提，同时充分利用人工智能技术来突破传统学习资源的限制，使学习活动更加多样可行，达到更好的学习效果。

自主学习强调学生的主动性和内在动机。在传统教学中，学习者的学习动机和能动性对学习效果有着重要的影响。而自主学习环境中，学生主动利用各种学习资源自由学习，能够更好地发挥自己的主动性，不再依赖外部压力或指令。自主学习激发了学生的求知欲望，使其更加积极、自觉地参与学习过程。人工智能技术在这一过程中可以提供个性化的学习建议、具有挑战性的学习任务，从而更好地满足学生的学习需求，增强学习动机。

自主学习注重学生的自我调节能力。在传统教学中，学生常常是被动接受教育，对学习过程的掌控相对较弱。而在自主学习环境中，学生需要自己组织学习过程，选择适合自己的学习路径，自主解决学习中的问题。这种学习方式培养了学生的自我调节和自主学习的能力，使其具备更好的学习策略和方法。人工智能技术通过提供个性化的学习资源、实时的学习反馈等方式，帮助学生更好地调整学习状态，提高学习效果。

自主学习的核心在于学生能够自由地选择和利用学习资源。在理想的自主学习环境下，学生可以随时随地获取各种丰富的学习资源，突破了传统学习中时间和空间的限制。人工智能技术通过在线学习平台、虚拟实境技术等手段，为学生提供了更多样、更实用的学习资源。这些资源包括在线课程、电子图书、虚拟实验等，使学生能够更全面地获取知识，满足不同学习风格和兴趣的需求，从而提升学习的多样性和质量。

此外，人工智能技术还可以通过智能辅助教学系统，提供个性化的学习路径和内容推荐，帮助学生更有针对性地进行学习。这种个性化的学习体验不仅让学生感到学习更有趣味，也使得学习更加贴合个体差异。智能辅助系统还可以通过大数据分析学生的学习行为，为教育者提供更深入的洞察，以便更好地调整和优化教学设计。

在人工智能背景下，自主学习通过充分利用信息技术环境和丰富的学习资源，推动学生更积极地参与学习、发展自我调节能力，并获得更多知识资源。这一变革不仅为学生提供了更灵活、更自由的学习体验，也为教育教学的创新提供了广阔的空间。未来，随着人工智能技术的不断发展，自主学习将继续推动教育教学的变革，为培养更具创造力和终身学习能力的学生奠定坚实基础。

在人工智能背景下，人工智能技术为提升学习者的学习能力、激发学习动力提供了有力支持。通过人工智能支持的自主学习环境，学生可以体验到自我控制的快乐和自由，感受到主动学习的乐趣。人工智能系统通过个性化的学习路径和内容推荐，使学习过程更贴近学生个体需求，激发其对学习的浓厚兴趣。学生在这样的学习环境中能够获得更多的学习机会，拓展知识领域，提升学习的成就感和价值感。

学生的自信心在人工智能支持下得以增强。在自主学习过程中，学生可以根据自身基础水平选择适宜难度的知识学习，逐步深入学习更高级别的技能。这样的个性化学习路径让学生感受到学习的可掌控性，从而提升学习者的自信心。人工智能技术通过智能辅助教学系统，为学生提供了量身定制的学习计划和适应性学习资源，使学生更好地适应学习任务，增强学生的自信和动力。

学习者的自我管理能力持续变强。在自主学习的过程中，自我管理能力是不可或缺的一环。学生需要根据自身情况调整学习计划，跟进学习，并进行课后练习。人工智能技术通过提供智能化的学习管理工具，支持学生更有效地制定学习计划、跟踪学习进度，从而培养学生的自我管理和自我调整的能力。这种能力的提升对学生未来的终身学习和职业发展具有积极的影响。

学生能够收获强烈的情感体验。通过与不同教学资源和授课者的交流，学生能够感受到自己的学习价值。人工智能技术提供了多样化的学习资源和交流平台，使学生能够与全球范围内的教育者和同学互动，分享学习心得，获得他人的认可和肯定。这种情感体验能够激励学生更加积极地参与学习，不断调整自己的学习方式和方法，提升学生的学习动力。

人工智能在教育教学领域的应用为学生提升学习能力和激发学习动力提供了全新的可能性。通过个性化学习、智能辅助教学、自主管理工具等技术手段，人工智能为学生创造了更具启发性和丰富性的学习环境，使学生在学习中更加自信、自主、充满动力。这一趋势将进一步推动教育模式的创新，为学生提供更有针对性、灵活性和可持续性的学习支持。

二、人工智能对教育教学的影响

（一）促进育人目标的变革

在人工智能时代，简单重复体力劳动和脑力劳动的职业都面临着深刻的变革，因为机器和人工智能的出现逐渐取代了传统的劳动方式。这一变革不仅影响着职业体系的结构，也促使教育系统进行调整，重新定义育人目标和培养重点。

随着机器和人工智能的不断发展，传统的简单重复体力劳动的职业受到了巨大的冲击。自动化和机械化的广泛应用使得许多需要大量人工劳动的工作岗位逐渐被替代，导致了相关人群的职业前景不确定性增加。教育系统在面对这一挑战时需要调整传统的培养目标，不再将教学重点放在传授单一技能上，而是注重培养学生的创新创造能力和适应未来变化的综合素养。这种调整要求教育系统更加注重培养学生的综合素质，使其能够适应新兴职业领域的需求。

人工智能的崛起也对简单重复的脑力劳动提出了挑战。许多以前需要人类进行的单一脑力劳动，如数据分析、简单决策等，都可以通过人工智能系统进行更高效地执行。这意味着那些只懂得并掌握简单重复工作的人可能面临被技术淘汰的风险。因此，教育中需要更加注重培养学生的高级思维能力，包括抽象批判思维、创新思维和解决问题的能力。培养学生具备高级思维能力，使其能够灵活应对复杂问题，成为未来社会需要的复合型人才。

育人目标的变革要求教育系统更加注重学生的团队协作能力。在人工智能时代，许多任务需要多个领域的专业知识和团队合作来完成。培养学生的团队协作能力将有助于他们更好地适应未来职业的工作要求。教育系统可以通过项目式学习、团队项目等方式，促进学生在合作中学到更多的知识和技能。此外，教学中还应该注重培养学生的沟通能力和跨学科思维，使其能够更好地融入多样性的团队合作中。

人才培养的目标变革不仅影响了学生个体，也引发了教育体系内其他要素的改革。教育课程、教学方法、教育评价等方面都需要相应的变革和创新。例如，教育课程可以更加注重跨学科知识的融合，强化学生的实践能力和综合素养。教学方法可以更多地采用启发式教学、实践探究等方式，培养学生的创新能力。教育评价也应该更加注重学生的综合素质和实际应用能力，而非仅关注单一的考试成绩。

人工智能时代的来临使传统的职业体系和教育模式面临着深刻的变革。教育系统需要及时调整育人目标，培养学生更适应未来社会需要的能力和素养。这一变革不仅要求教师和学生适应，也需要整个教育体系的创新和改革，以更好地服务于社会的发展和人才的培养。

（二）促进教学内容的变革

在人工智能背景下，教学内容的变革是建立在高校专业设置的基础上的。通过高等职业学校专业设置备案结果平台查询，2021 年全国已有 387 所高等职业院校开设了人工智能专业，这表明人工智能专业受到了高等职业院校的广泛关注，成为培养人才的重要方向。

人工智能专业的开设需要与之匹配的教学内容，包括单个知识层次、思想行为习惯和能力培养等多方面。人工智能技术的不断发展和应用使得相关专业的知识体系更为庞大和复杂。因此，教学内容需要涵盖从基础理论到实际应用的广泛领域，包括机器学习、深度学习、自然语言处理、计算机视觉等多个方向。为了培养学生的实际操作能力，教学内容还应该包括相关技术工具的使用和实践项目的开展。通过这样的教学内容设计，学生可以全面了解人工智能领域的知识体系，并具备实际应用知识的能力。

人工智能技术的发展推动了新类型工作的出现，对技能的需求也在不断增加。教学内容的更新需要与社会需求和行业发展相匹配。高校应该密切关注人工智能领域的最新动态，及时更新教学内容，使其与行业标准和需求保持一致。这意味着高校需要灵活调整课程设置，引入新的知识领域和技术工具，确保学生毕业后具备最新的人工智能技术和应用知识，能够适应未来工作的要求。教学内容的改革需要与课程改革和政策重新制定相互支持。人工智能领域的快速发展要求高校更加灵活地调整课程设置，为学生提供最新的知识和技能。

政府在政策层面也应该给予相应的支持，鼓励学校开设人工智能专业，并提供相应的资源和资金支持。政策的制定需要考虑人工智能领域的特殊性，鼓励创新性的教学内容和教学方法，促进人工智能人才的培养。

教学内容的更新不仅是为了迎合技术的发展，还需要考虑到培养学生的全面素质。人工智能专业的学生不仅需要掌握技术知识，还需要具备创新创造能力、团队协作能力、沟通表达能力等软技能。因此，教学内容应该更加注重培养学生的综合素养，使其在未来工作中能够更好地适应多变的社会环境。

人工智能时代下，人工智能专业的开设使得教学内容的更新成为迫切的需求。高校应该根据行业和社会的发展趋势，灵活调整课程内容，培养学生全面的素质和实际应用能力。政府在政策层面也应该支持高校开展相关专业，并提供相应的资源和政策支持，以促进培养人工智能人才和满足社会需求。

（三）促进教学环境的变革

在人工智能时代，教学环境发生了根本性的变化，涉及物理环境、信息资源和互动形式等多方面。

人工智能时代，教室的空间布局发生了显著的改变。传统的教室内桌椅摆放相对固定，不容易搬运与调整。然而，随着线上线下混合式教学的普及，教室的布局变得更加灵活和多样化。智能教室采用可移动的家具和多功能设备，可以根据教学需要进行快速调整，支持不同形式的教学活动，提高教学空间的利用效率。这种灵活性的教室布局更好地适应了不同教学场景的需求，使教育环境更加开放、适应性更强。

人工智能时代，信息资源的生成途径发生了根本性的变化。传统的教学资源主要是静态的，由教师提前准备好并传达给学生。而在人工智能环境下，信息资源变得更加个性化。教学资源整合者可以根据学生的具体情况，有针对性地将符合学生状况的个性化学习内容等资源发送至学习终端。这种个性化的资源生成和传递方式使学生能更好地根据自身兴趣和学习需求获取信息，提升学习的针对性和效果。

人工智能时代，教学环境的互动形式发生了深刻的改变。通过智能教学环境，可以实现更丰富、更灵活的互动形式。教学环节的操作过程可以被记录、追踪，这有助于更好地帮助教师进行教学决策，帮助学生进行自我评价。智能教学环境还能够支持实时互动和即时反馈，促进师生之间更为紧密的沟通和合作。这种互动形式不仅提升了教学的效果，也增强了学生的参与度和学习体验。

教学环境变革的需要推动了学校信息化向智慧校园的发展。校园物理环境、教室教学环境、网络学习环境已经充分融合，实现了从环境的数据化到数据的环境化、从教学的数据化到数据的教学化、从个体的数据化到数据的个性化的转变。智慧校园通过整合各种信息和资源，提高了校园管理和教学服务的效率，为学生和教师提供了更加便捷的学习和教学环境。

人工智能时代的教学环境变革涉及多个方面，包括空间布局、信息资源生成和互动形式等。这些变革不仅提高了教育环境的灵活性和个性化，也推动了学校信息化向更高层次的智慧校园迈进。这样的变革为教育体系的不断创新和提升提供了有力支持，促使教育更好地适应人工智能时代的需求和挑战。

（四）促进教学评价的变革

在传统的教育评价体系中，通常偏向结果评价和群体评价，而对学习过程的评价相对较少。然而，在人工智能时代，借助人工智能技术的特性，可以实现更加全面和客观的评价，特别是过程性评价的强化。

人工智能系统通过大数据技术的跟踪与计算，能够对每位学生的全部学习过程进行全面评价。传统的评价方式可能只关注学生在考试中的表现或课堂上的参与情况，而人工智能系统可以实时记录学生的学习行为、答题过程、在线学习轨迹等信息。这种全方位的数据采集能够更精确地反映学生的学习状态，包括学习的深度、广度、时长等多个维度，为更科学的评价提供了依据。

人工智能系统的强大计算能力可以将线下和线上教学的所有内容划入评价范畴。传统评价可能难以充分考虑学生在不同场景下的表现，而人工智能系统能够整合这些信息，形成更为全面的评价。学生在解决实际问题中的思考、在团队合作中的表现等方面都可以被纳入评价范围，使评价更具有综合性和实际意义。

人工智能系统使过程性评价与结果性评价的结合成为可能。传统评价体系往往将过程和结果割裂开来，而人工智能系统能够将学生的学习过程和最终表现进行有机结合。通过实时追踪学生的学习过程，系统可以更准确地判断学生在学习中的努力程度、问题解决能力、合作精神等方面的表现，为最终的评价提供更为全面的依据。

人工智能系统的学习预警功能可以及时发现学生学习中遇到的问题，并提供个性化的建议。通过对学生学习数据的分析，系统可以识别出学习难点、问题等，并向学生和教师发出预警。这种及时干预可以帮助学生更好地了解自身情况，调整学习方式，从而提升学习效果。

借助人工智能技术的教育评价在强化过程性评价、整合线上线下学习、结合过程和结果等方面具有明显的优势。这种变革不仅提高了评价的客观性和全面性，也为教育体系的进一步创新提供了有力支持。在人工智能时代，更科学、更智能的评价体系将成为教育领域的重要发展方向。

三、人工智能对教育教学的启示

（一）不断增加基础设施投入

在教育领域应用人工智能确实需要经费和技术的保障，尤其是考虑到不同地区的学校之间存在的差异。

人工智能技术的应用需要相应的经费支持。建设智能化的教育系统、引入人工智能教育工具、开展师资培训等都需要大量的资金投入。在发达地区，这样的支出可能相对容易得到满足，但在不发达地区或一些学校中，由于财力有限，可能难以承担这样的费用。因此，国家或省级层面需要制定合理的政策，用包容与公平的态度，向这些地区和学校提供额外的建设资金，确保人工智能技术在教育领域的应用不限于富裕地区，也能惠及贫困地区的学生。

技术的保障同样至关重要。人工智能系统的应用需要依赖于先进的技术基础设施，包括高性能计算机、大规模数据存储和处理能力、网络设备等。然而，并非所有学校都具备这样的技术基础。因此，国家或省级层面需要制定政策，支持基础技术的应用和基础设施的搭建，为学校提供必要的技术支持。这可以通过设立专项基金、提供技术培训等方式实现，确保学校能够顺利引入和使用人工智能技术。为了提高不发达地区和学校在人工智能教育领域的参与度，国家或省级层面可以采取差异化的政策。例如，可以根据地区的经济水平、学校规模等因素，制定不同的经费支持标准，确保资源的合理配置。同时，通过开展培训计划，提高教师对人工智能技术的理解和运用能力，使其更好地适应新的教学环境。

要推动人工智能在教育领域的应用，需要国家或省级层面采取积极的政策举措，通过提供经费和技术保障，促进不同地区和学校在人工智能教育方面的均衡发展。这样的努力有助于实现教育资源的公平分配，使更多学生能够受益于人工智能技术的进步。

（二）提升教师的信息化和数字化教学能力

要使人工智能在教育教学中发挥作用，确实需要更多的教师掌握人工智能与教学衔接的方法，以适应时代变化和技术变革带来的新挑战。教师作为育人主体，其素质与能力对于提升育人效果和质量至关重要。省级教育部门和学校应该搭建各种平台，帮助教师学习新的数字技能，适应时代变化和技术变革所带来的新挑战。这可以通过组织培训、研讨会、在线课程等方式来实现，让教师不仅了解人工智能的基本概念，还能掌握实际应用中的方法和技能。教师需要熟悉人工智能带来的教育变革。这包括了解大数据分析技术、虚拟技术等新兴技术，以及掌握各种教育平台和 App 终端的使用。教师应当具备依托人工智能开发教学资源的能力和思维，利用人工智能组织教学，将人工智能与教学环节融合起来，提升教学效果。教师间可以组成互助小组，通过课题研究、技术探讨、观摩等方式加强学习。这样的合作机制有助于教师共同成长，分享经验，共同探讨人工智能在教育领域的最佳实践。省级教育部门可以鼓励和支持这样的教师互助小组的建立，为教师提供更多合作学习的机会。

教师在人工智能背景下不仅要注重自身专业上的发展，还要考虑职业与技术的融合发展。这包括持续学习新的技术，关注教育领域的最新发展趋势，积极参与教育技术的研究与实践，不断提升自身在数字化时代的教学水平。教育部门和学校应该为教师提供更多的培训和支持，使其能够适应人工智能背景下的教育教学需求。通过建设合适的平台、促进互助与合作，可以推动教师在人工智能时代更好地发挥作用，提升教育水平。

（三）加强教育领域人工智能应用的研究

人工智能作为一项前沿技术，正在深刻地改变着我们社会的方方面面，其中教育教学领域更是成了其应用的重要方向之一。在推动人工智能在教育领域广泛应用的过程中，省级和学校层面都扮演着关键的角色。通过加大对人工智能课题研究的支持力度，从理论走向实践，不仅可以推动教育教学的现代化，更能为人工智能在教育领域的应用奠定坚实的基础。省级层面的支持对于人工智能在教育教学领域的发展至关重要。省级政府在制定政策和投入资源方面具有较大的决策权。因此，建议省级政府在人工智能领域设立专项资金，用于支持相关课题研究。这些资金可以用于培养人才、购买先进的教育技术设备，以及推动人工智能在学校中的实际应用。此外，建议建立省级人工智能教育研究中心，集聚各类专业人才，推动人工智能在教育领域应用的前沿研究。在学校层面，学校应当积极响应省级政府的政策引导，将人工智能纳入教育教学的日常实践中。首先，学校要加强与企业和科研机构的合作，引入先进的人工智能技术和理论，为教师和学生提供更多的学科资源。其次，学校应积极培养人工智能领域的人才，设立相关专业课程，组织学生参与人工智能项目的实践活动，提高学生的人工智能应用能力。

在理论研究方面，人工智能在教育教学领域的应用需要不断深化。省级层面可以鼓励高校和科研机构开展前沿研究，提高教育的智能化水平。同时，学校层面可以鼓励教师参与人工智能相关的培训和学习，提高他们在人工智能教育方面的专业素养。通过不断深入的理论研究，人工智能在教育教学中的应用将更为科学和有效。从实践角度出发，人工智能在教育教学中的应用需要有针对性地解决实际问题。省级政府可以支持学校开展人工智能在教育领域的示范项目，通过实际操作来验证相关理论的有效性。学校层面可以积极倡导教师在课堂中尝试人工智能教育工具，通过积累实践经验，逐步形成科学的教学方法。在推动人工智能在教育教学中的应用的过程中，还需要关注相关的伦理和法律问题。省级政府可以制定相关政策，规范人工智能在教育领域的应用，确保其合法合规。学校层面也应当加强对师生的人工智能伦理教育，引导他们正确使用人工智能技术，防范潜在的风险。省级层面和学校层面可以通过加大对人工智能课题研究的支持力度，为人工智能在教育教学中的应用奠定基础。这不仅有助于培养更多的人才，提升教育教学水平，也能够推动我国在人工智能领域的发展，使其更好地服务于社会和人类的发展。

人工智能技术与教育领域相融合是当今教育创新与改革的方向，人工智能为教育创设了一种全新的学习体验环境，它强大的技能支持又为教育教学提供强力保障。任何一项技术的出现必将会对社会发展产生一定影响，教育领域要用客观的目光看待人工智能技术，取之所长，用于推动教育教学的发展，通过管理层的科学决策与技术的正确运用，为教育教学领域构建一片新的愿景。

第二节　人工智能背景下的教育要素

一、人工智能背景下的教育要素——智能教育工具

在人工智能技术的催生和不断发展下，教育领域也迎来了一场革命性的变革。开发者们利用人工智能技术，创造了一系列智能教育工具，这些工具包括智能辅导系统、虚拟教练和在线学习平台，它们的出现为教育带来了全新的维度和可能性。在这个不断演进的领域中，人工智能为教育注入了新的活力，为学生和教育者提供了更为智能化、个性化的学习和教学体验。

智能辅导系统是人工智能在教育中的一大亮点。这些系统基于先进的算法和大数据分析，能够实时监测学生的学习进度、掌握程度及学习习惯。通过对学生的数据进行深度分析，系统可以为每个学生量身定制学习计划，提供个性化的辅导和建议。这种实时反馈和自适应学习的机制，使学生能够更加高效地掌握知识，弥补学习中的薄弱环节，实现个性化的学术成长。

虚拟教练作为智能教育工具的一部分，为学生提供了身临其境的学习体验。通过虚拟现实和增强现实技术，学生可以与虚拟教练进行互动，进行实地模拟实验、实践操作等。这种沉浸式的学习方式不仅激发了学生的学习兴趣，还培养了他们解决实际问题的能力。虚拟教练的引入使学习不再是传统的纸上谈兵，而是真实而丰富的体验，有助于学生更好地理解和应用知识。

在线学习平台是智能教育工具的又一亮点。这些平台提供了灵活的学习环境，学生可以根据自己的时间和进度安排学习计划。在线学习平台通过智能算法分析学生的学习数据，为其推荐相关的课程和学习资源，从而实现个性化教育。此外，学生还可以通过在线学习平台与教师和同学进行交流，形成更为开放和互动的学习氛围，促进知识的共享和碰撞。

在这一系列智能教育工具的应用中，人工智能背景下的教育要素得到了全方

位的升华。算法的不断优化和数据的深度挖掘使教育更加个性化和高效。学生通过与智能系统的互动，不仅能够及时获得反馈，更能够在个性化的学习路径上不断探索和前进。教师则可以更好地了解学生的需求，有针对性地进行教学设计和指导。

随着智能教育工具的广泛应用，也引发了一些值得思考的问题。其中之一是隐私和数据安全问题，因为这些智能教育工具需要收集学生大量的个人数据以进行分析。保护学生的隐私和确保数据的安全成为亟待解决的问题。此外，也需要对于智能系统的可信度和公正性深入研究，以确保其在教育中的应用是公正和可靠的。

人工智能技术在教育领域的应用为学习和教学带来了革命性的变革，智能辅导系统、虚拟教练和在线学习平台等工具的出现，使教育更加个性化、灵活和有趣。然而，我们也需要在推动技术发展的同时，审慎考虑其中可能涉及的伦理和社会问题，以确保人工智能技术在教育中的应用是真正造福学生和教育事业的。

二、人工智能背景下的教育要素——自动化教学任务

人工智能不仅是一种技术工具，更是教学过程中的得力助手。其自动执行教学任务的能力，如自动批改测验、生成个性化的学习计划以及提供语音或文本反馈，不仅显著减轻了教师的工作负担，还为学生提供了更为个性化和高效的学习体验。

自动批改测验是人工智能在教育领域中的一项重要应用。传统教学模式下，教师需要花费大量时间来手动批改学生的试卷和作业，这限制了他们更深层次地参与教学。然而，借助人工智能技术，自动批改系统能够以更快的速度、更高的准确性对学生的答案进行评估。通过机器学习算法，系统能够理解和分析学生的回答，并提供详细的评分和反馈。这不仅为教师减轻了繁重的批改任务，也为学生提供了即时的学习结果反馈，使得他们能够更及时地了解自己的学习状况。

生成个性化的学习计划是人工智能在教育中的又一亮点。每个学生都有独特

的学习需求和节奏，传统的课堂教学难以满足每个学生的个性化需求。人工智能系统可以分析学生的学习历史、知识水平和学习风格，为其生成个性化的学习计划。这些计划能够更好地满足学生的学习需求，有针对性地提供适合他们的学习资源和活动。个性化学习计划的引入使学生能够更加主动地参与学习过程，培养自主学习的能力。

人工智能还具备提供语音或文本反馈的能力，这为教学过程增添了更为互动和即时的元素。语音反馈可以通过自然语言处理技术，为学生提供口头的建议和指导。这种方式不仅更贴近学生的日常交流习惯，还可以更直观地传达信息。同时，文本反馈也是一个重要的反馈形式，它可以为学生提供详细的文字评价，帮助他们更好地理解和改进自己的学术表现。这样的反馈机制促使学生更有针对性地调整学习策略，提高学习效果。

在人工智能背景下，教育变得更为灵活和高效。教师不再需要过多时间用于烦琐的行政任务，而可以专注于设计更富有创意和启发性的教学内容。同时，学生也能够在更个性化、有趣的学习环境中发展自己的潜能。然而，随之而来的是一系列值得关注的挑战和问题。人工智能在教育中的应用需要严格的监管和管理，以确保系统的公正性和客观性。算法的训练数据可能存在偏见，而这可能会影响对学生的评估。因此，对于算法的透明度和可解释性，以及对数据的隐私和安全性的保护都是应用人工智能时需要重点考虑的问题。人工智能不能完全替代教师的角色。教育不仅是知识的传递，还包括情感、道德和社会价值观的培养。教师在人际关系、激发学生的兴趣和创造性思维等方面的作用是无法被机器替代的。因此，在引入人工智能的同时，需要保持教师在教学过程中的核心地位，使其更多地参与到激发学生学习兴趣和培养学生综合素养的过程中。对于学生而言，需要培养其对人工智能的正确认知和使用技能。学生应该明白人工智能是一种工具，而不是取代人类的存在。学生正确使用人工智能工具，善于从中获取有益信息，并具备批判性思维，将对其未来的学习和职业发展产生积极的影响。

三、人工智能背景下的教育要素——技术素养培训

随着人工智能技术的蓬勃发展，社会对于学生提升技术素养的需求愈发迫

切。教育领域面临着重大的变革，教师需要调整教学策略和内容，以确保学生能够适应并利用人工智能所带来的巨大机遇。人工智能教育的核心是向学生提供与人工智能相关的知识。学生需要了解人工智能的基本原理、发展历程以及在各个领域的应用。学校可以通过更新课程内容，引入人工智能相关课程，使学生在学校学习阶段就建立起对人工智能的基础认知。这包括机器学习、深度学习、自然语言处理等方面的知识，为学生打下坚实的理论基础。培养学生的技术素养需要注重实践和动手能力。人工智能领域强调解决实际问题的能力，因此学生需要具备相关的技术实践能力。通过实验、项目和实际操作，学生可以深入了解人工智能的具体应用，培养他们解决实际问题的能力。这也包括编程和算法设计等方面的技能，使学生能够参与人工智能技术的开发和创新中。

教育要素中的个性化学习计划是培养学生技术素养的关键。每个学生的兴趣、学习方式和发展速度都各不相同，因此学校需要提供个性化的学习计划，以更好地满足学生的需求。人工智能技术可以通过分析学生的学习数据，为其定制个性化的学习路径和任务。这种定制化的教学方法可以更好地激发学生的学习兴趣，提高他们在人工智能领域的学科表现。

强调跨学科学习也是人工智能背景下的重要教育要素。人工智能的应用涉及多个领域，包括数学、计算机科学、工程学、社会科学等。学生应该具备在不同学科领域进行跨界合作和整合知识的能力。学校可以通过跨学科项目和合作课程，使学生更全面地理解人工智能，并将其融入不同领域的实际应用中。

学校还需要注重培养学生的创新思维和问题解决能力。人工智能领域是一个不断创新和进化的领域，培养学生对于发现问题的敏感性和解决问题的能力至关重要。通过开展创新项目、设计挑战和实践活动，学生可以培养创造性思维，提高解决新问题的能力。

人工智能教育还需关注道德和伦理层面。学生在使用人工智能技术时，需要明白其背后的伦理原则和社会责任。学校可以通过伦理课程和讨论，引导学生正确使用人工智能技术，防止滥用人工智能技术，防范其潜在的风险。教育要素中的终身学习观念也是非常重要的。由于人工智能技术的快速发展，学生需要具备不断学习和适应新技术的能力。学校应该培养学生的终身学习观念，使其具备自主学习的能力，随时更新知识，不断提高自己在人工智能领域的竞争力。

培养学生的技术素养不仅需要提供相关的知识和技能，更需要关注个性化学习、跨学科学习、创新思维和伦理观念等多个层面。学校应当不断调整教学策略和内容，以适应人工智能时代的到来，为学生提供更为全面、深入的人工智能教育。这样的教育体系将为学生的未来职业发展和社会参与奠定坚实基础。

四、人工智能背景下的教育要素——伦理和隐私问题

随着人工智能在教育领域广泛应用，涉及伦理和隐私的问题日益成为人们关注的焦点。在人工智能技术与教育结合的过程中，确保学生数据的安全和合法使用是一个至关重要的方面。伦理问题在人工智能教育中占据着核心位置。学校使用人工智能技术来收集、分析和使用学生的数据，以提供个性化的学习体验。然而，这种数据的使用涉及一系列伦理问题，例如数据隐私、公平性、透明度等。学校和技术开发者需要认真考虑如何在人工智能教育中平衡个性化学习和保护学生隐私的关系。

隐私问题是人工智能在教育中面临的一个严峻挑战。学生的个人信息、学习历史和行为数据被用于生成个性化的学习路径和反馈。然而，这些数据的泄露或滥用可能导致严重的隐私侵犯。学校必须建立强有力的隐私保护机制，确保学生数据的安全存储、传输和处理。同时，教师需要清晰地向学生和家长说明数据的收集和使用方式，建立透明的数据处理流程。

算法的公平性和透明度是人工智能教育中另一个值得关注的伦理问题。如果算法在学生评估中存在偏见，可能会对学生的学术机会和未来产生负面影响。因此，确保算法的公正性和透明度是至关重要的。学校需要对算法进行审查和验证，以确保其在不同群体中的公平性。此外，提高算法的透明度，让学生和教师能够理解算法的决策过程，也是维护伦理原则的重要步骤。

人工智能教育中还存在着数据拥有权和控制权的问题。学生的数据通常由学校和技术提供商共同拥有，这引发了关于数据使用和控制的权责分配问题。学校需要明确规定数据的归属和使用权限，确保学生及其家长对于数据的使用有明确

的了解和控制权。此外，政府应该建立相应的法规和政策，保障学生数据的安全和隐私。

为了解决这些伦理和隐私问题，政府、学校、技术开发人员等可以采取一系列措施。政府应建立健全的法规和政策框架，明确学生数据的收集、使用和共享规则。这需要综合考虑伦理原则、隐私法规及教育法规，确保法规的制定既有利于技术创新，又能够有效保护学生的权益。加强技术开发者和学校的合作，共同制定数据伦理准则。这包括明确数据收集目的、告知学生和家长数据使用方式、建立安全的数据存储和传输机制等。合作机制可以促使技术开发者更加负责任地设计和实施人工智能教育技术。投资于数据安全和隐私保护技术研发也是至关重要的。采用先进的加密技术、数据脱敏技术和安全传输协议，确保学生数据在存储和传输过程中得到最大程度的保护。此外，政府及社会应鼓励技术创新，研发在不影响学习效果的前提下最大程度减少对个人隐私的侵犯的新型教育技术。教师和家长在这一过程中也扮演着重要的角色。他们需要积极参与对学生数据的管理和监督，关注教育系统中的伦理和隐私问题，向学生传递正确的数据使用观念和技能。加强对学生的教育，培养他们对于数据安全和隐私保护的意识，使其能够在人工智能时代更加自主地管理和保护自己的数据。

伦理和隐私问题是人工智能在教育中广泛应用时不可忽视的方面。确保学生数据的安全和合法使用需要学校、技术开发者、法规制定者和教育者等多方共同努力。通过建立健全的法规体系、加强合作、投资于安全技术研发以及提升学生的数据安全意识，可以有效解决伦理和隐私问题，为人工智能教育的可持续发展提供有力支持。这样的做法将有助于维护学生的权益，促进人工智能技术在教育中的应用。

五、人工智能背景下的教育要素——智能教育平台

人工智能在教育领域的应用为在线学习和远程教育开辟了全新的可能性，改变了传统教育的模式和范式。

智能教育平台通过融合先进的人工智能技术，实现了虚拟教室、在线辅导和远程合作等功能，为学生提供了更加灵活、个性化的学习环境。虚拟教室是人工

智能在在线学习中的一项重要应用。传统的教室模式受制于地理位置和时间限制，而虚拟教室通过云技术和人工智能算法，使学生能够随时随地参与学习。教师可以在虚拟环境中与学生进行实时互动，通过视频、音频和文字等多种形式进行教学。人工智能技术还可以为虚拟教室提供智能辅助，如自动记录上课内容、实时翻译、情感识别等，提升教学效果和互动体验。

在线辅导是智能教育平台的又一重要功能。通过人工智能技术，学生可以在线获得个性化的辅导服务。智能辅导系统可以根据学生的学科水平、学习风格和弱项进行精准的诊断，提供有针对性的学习建议和教学资源。这种个性化的辅导不仅有助于学生更好地理解和掌握知识，还能够有效弥补他们的学科差距，提高学业成绩。同时，辅导过程中的学习数据也可以被系统收集和分析，为学生和教师提供进一步优化的建议。

远程合作是人工智能背景下在线学习的又一重要因素。智能教育平台通过虚拟协作环境，使学生能够在不同地理位置同时进行合作学习。这种远程合作不仅可以培养学生的团队协作能力，还能够拓展学生的视野，让他们在跨文化、跨地域的背景下共同解决问题。人工智能技术可以为远程合作提供实时沟通、项目管理和协同编辑等功能，使合作更为高效和便捷。智能教育平台还可以通过数据分析和机器学习，为教师提供有价值的教学洞察。智能教育平台可以收集学生的学习数据，分析他们的学科兴趣、学习模式和表现，为教师提供更深入的了解。这种数据驱动的教学设计有助于个性化教育的实现，让教师更好地满足学生的需求，调整教学策略，提高教学效果。

在这一系列人工智能应用的背后，教师和学生也面临一些新的挑战。首先，虚拟教室和在线辅导需要教师具备数字化和技术化的教学能力。教师需要适应在线教学工具，掌握虚拟教育的技术和教学方法，以保证在线教学的高质量。其次，学生也需要具备数字素养，熟练使用在线学习工具，主动参与远程合作，培养自主学习和协作的能力。再次，随着在线学习的普及，伦理问题也变得更加突出。学生的隐私、数据安全和教学内容的质量都需要得到有效保障。学校和技术提供商需要建立健全的伦理准则，确保数据的安全存储和传输，以及教学内容的质量和可靠性。最后，学校应该为学生和教师提供相关培训，加强其对伦理问题的认知和应对能力。

人工智能教育需要更多的国际合作和标准化工作。在线学习和远程教育不再受限于地域和国界，国与国间的合作将促使更多优质教育资源的共享和交流。同时，制定国际性的教育标准和伦理规范有助于建立一个更加安全、透明和高效的人工智能教育环境。

人工智能在在线学习和远程教育中的广泛应用为教育体系带来了巨大的变革。虚拟教室、在线辅导和远程合作等功能使学生能够在更加灵活的学习环境中获取知识，个性化的学习体验也为教育提供了更多可能性。然而，随之而来的是新的挑战，需要各方共同努力，保障在线学习的质量、安全和伦理。只有在全球范围内形成紧密合作，共同推动人工智能在教育领域的可持续发展，才能更好地满足学生的学习需求，促进教育的不断创新。人工智能在教育中的应用旨在提高学生学习效果、促进学生个性化发展，也需要谨慎处理伦理和隐私等问题。

第三节　人工智能背景下的应用主体

一、人工智能背景下应用主体的特征

（一）智能化

在人工智能背景下，应用主体具备一定程度的智能，表现为其能够处理信息、学习、适应环境，并做出有针对性的决策。这种智能主体涉及各个领域，包括机器人、智能系统、自动化设备等。在当今社会，人工智能技术的迅猛发展使得应用主体的智能化成为可能。应用主体可以是物理实体，如机器人或无人驾驶汽车，也可以是虚拟实体，如智能系统或虚拟助手。这些应用主体通过搭载先进的人工智能算法和技术，具备了感知、学习、推理和决策的能力，从而能够更加智能地与环境互动和执行任务。

应用主体的智能化表现在其对信息的处理能力上。通过搭载各类传感器和感知设备，应用主体能够感知外部环境中的信息，并高效处理这些信息。例如，在自动驾驶汽车中，车载传感器可以获取道路、交通等信息，然后通过人工智能算法进行实时分析和决策，使汽车能够安全行驶。

应用主体的智能化还表现在其学习能力上。借助机器学习等技术，应用主体能够从大量的数据中学习并提升自身的能力。这种学习能力使得应用主体能适应不同的情境和任务，不断提高其性能。例如，智能语音助手可以通过学习用户的语音习惯和需求，提供更加个性化和智能化的服务。

适应环境是应用主体智能化的又一体现。应用主体可以通过感知环境的信息，自动调整自身的行为以适应环境的变化。在工业生产中，智能机器人可以根据环境中的工作要求和障碍物的分布，灵活调整工作路径和方式，提高工作效率和安全性。

应用主体的智能化还体现在做出有针对性的决策上。通过综合分析和处理信息，应用主体能够在复杂的环境中做出明智的决策。在金融领域，人工智能系统可以通过对市场数据的实时监测和分析，做出精准的投资决策，提高资产管理的效益。

随着应用主体智能化的不断发展，也引发了一系列的社会、伦理和法律问题。例如，智能主体的决策是否符合道德标准，智能主体是否应该对其决策负责等。在人工智能应用越发广泛的背景下，社会需要不断深入探讨和规范主体智能化的发展，确保其在服务人类的同时不引发负面影响。在人工智能时代，应用主体的智能化为社会带来了许多创新和便利，但也伴随着一系列的挑战。通过合理规范和引导应用主体的智能发展，可以让人工智能技术更好地为人类社会服务，推动社会的进步和发展。

（二）感知能力

在人工智能背景下，应用主体具有感知环境的能力，通过传感器或其他方式获取数据，用于理解周围的情境。这种具备感知能力的应用主体可以是各种形态的实体，包括机器人、智能设备、虚拟助手等。应用主体通过搭载各类传感器、摄像头、激光雷达等设备，能够实时获取周围环境中的各种数据。这些传感器不仅包括常见的视觉传感器，还包括声音、温度、湿度、运动等多种类型的传感器，从而使应用主体能够全面感知其所处的情境。

具备感知环境能力的应用主体通过视觉传感器能够获取周围环境的图像信

息。这种能力使得应用主体能够识别物体、人物、场景等，并通过图像处理技术提取出有用的特征。例如，智能摄像头可以通过人脸识别技术辨认出特定的个体，智能监控系统能够检测异常行为，从而提高安全性。

应用主体还可以通过声音传感器感知环境中的声音信息。语音识别技术的发展使得主体能够理解并回应人类语言。语音助手、语音控制的智能设备等都是典型的具备声音感知能力的主体。这种能力不仅提升了用户体验，也为应用主体与人类之间的交互提供了更加自然的方式。

除此之外，运动传感器、温湿度传感器等也为应用主体提供了更多的感知维度。运动传感器可以感知主体的运动状态，使得机器人或无人车等能够更好地导航和避障。温湿度传感器则为应用主体提供了对环境气候的感知，使得智能家居系统能够根据实际情况自动调节室内环境。

在人工智能时代，感知环境的应用主体不仅具备对静态环境的感知，还能够对动态环境做出实时响应。机器人、自动驾驶汽车等智能系统通过整合多种传感器数据，实现对周围环境的高度感知，从而能够做出精准的决策和行为。

感知环境的应用主体带来了许多便利和创新，但其引发的隐私保护、数据安全等问题也需要得到妥善解决。此外，如何有效整合和利用感知数据，提高应用主体的智能水平，也是当前人工智能领域的研究热点。在人工智能时代，具备感知环境能力的应用主体通过传感器等技术手段获取丰富的环境信息，从而更好地理解和适应其周围的情境。这为智能系统的发展和应用提供了强大的支持，同时提出了对技术、伦理等方面的新要求，需要全社会共同努力推动相关问题的解决和相关规范的建立。

二、人工智能背景下应用主体的类型

（一）智能机器人

在人工智能领域，一个典型的应用主体是智能机器人。这些机器人具备感知周围环境、学习任务、执行动作，并与人类进行交互的能力。在智能机器人的背后，融合了先进的人工智能技术，这不仅推动了机器人技术的发展，也改变了人与机器之间的互动方式。

智能机器人通过搭载各类传感器，如视觉传感器、声音传感器、激光雷达等，能够实时感知周围环境的信息。视觉传感器使机器人能够识别物体、人物和场景，声音传感器则让机器人能够听到和理解声音。这种感知环境的能力使机器人能够在不同的场景中自主导航、避障，并且更好地与周围环境互动。机器人利用机器学习等技术，从大量数据中学习和优化自身的行为。这种学习能力使得机器人能够适应各种任务和环境，不断提高其性能水平。例如，智能机器人在工业生产中可以学习和优化生产流程，提高生产效率；智能机械人在服务业中可以通过学习用户的需求，提供更加个性化的服务。通过集成运动控制系统，智能机器人能够执行各种动作和任务。在制造业中，机器人可以进行高精度的组装和焊接工作；在医疗领域，机器人可以执行精准的手术操作。这种执行动作的能力使得机器人可以在多个领域发挥实际作用，提高工作效率和准确性。机器人不仅能够执行任务，还能够与人类进行自然而友好的交互。语音识别技术使机器人能够听懂人类的指令和对话，而语音合成技术使机器人能够以自然的语音与人类进行沟通。此外，机器人还可以通过面部表情、手势识别等方式与人类进行非语言交互，使得人机交互更加生动和智能。

智能机器人不仅在制造业和工业生产中得到广泛应用，还在日常生活、医疗保健、教育等领域展现了强大的潜力。例如，服务机器人可以在老年人护理中提供帮助，教育机器人可以在学校中辅助教学。这些应用不仅提高了工作效率，还改善了人们的生活质量。然而，智能机器人的发展也面临一些挑战和问题，包括对隐私的担忧、伦理规范的建立、安全性等方面。在人工智能时代，社会需要共同努力解决这些问题，确保智能机器人更好地为人类社会服务。智能机器人作为人工智能领域的典型应用，在感知、学习、执行和交互方面取得了显著进展。其广泛应用将深刻改变人类的生产方式、生活方式和社会结构，为构建更智能化、便捷化的社会奠定基础。

（二）自动驾驶汽车

在自动驾驶技术中，车辆被视为一个应用主体，具备感知道路、做出驾驶决策的能力。这种应用了人工智能技术的车辆在推动交通领域的创新和进步方面发挥着关键作用。

自动驾驶车辆通过搭载各类传感器，如激光雷达、摄像头、雷达等，实时获取道路和周围环境的信息。这些传感器能够测量车辆周围的物体、道路状况、交通信号等数据，从而构建起对环境的感知。视觉传感器负责拍摄和处理图像，激光雷达则能够生成高精度的点云图，这些数据使车辆能够了解自己所处的道路环境，包括车道、障碍物、行人等。车辆通过集成先进的人工智能算法，对感知到的数据进行处理和分析，从而做出精准的驾驶决策。这包括确定车辆的行驶速度、变道、超车等操作。决策系统需要综合考虑多个因素，如道路规则、交通信号、其他车辆的行为等，以确保车辆在复杂交通环境中能够安全而高效地行驶。深度学习、强化学习等人工智能技术在这一过程中发挥了关键作用，使车辆能够不断学习和适应不同的驾驶场景。在做出决策后，车辆需要通过自动化的执行系统将决策付诸实践。自动驾驶车辆通常搭载先进的驾驶辅助系统，如自动驾驶控制单元、电动执行单元等，以实现行车操作。这包括精准的转向、油门和刹车控制，确保车辆按照制定的路径和速度安全行驶。这种自动执行能力使车辆在驾驶中更加可靠和安全。自动驾驶车辆能够通过车载通信系统与其他车辆、交通信号、道路基础设施等实时互动。车辆之间的信息交流和协同操作可以提高交通系统的整体效率，减少拥堵和事故发生的可能性。这种社会性的互动使车辆不再是孤立的主体，而是与整个交通系统相互连接和协同工作的一部分。

自动驾驶技术的发展为主体化车辆带来了前所未有的智能化和自主性。这种主体化车辆的出现不仅改变了传统驾驶模式，也对交通系统和城市规划提出了新的挑战和机遇。在人工智能时代，主体化车辆的感知、决策、执行和社会互动能力的不断提升将推动交通领域的创新，建立更加安全、高效和智能的交通系统。

（三）虚拟助手

虚拟助手主体具备理解用户需求、执行特定任务，并不断学习以提高用户体验的能力。这种主体化技术在人工智能的背景下得到了广泛应用，为用户提供了智能化的服务和支持。

虚拟助手通过语音识别、自然语言处理等技术，能够准确理解用户提出的需求和指令。语音识别技术使得虚拟助手能够将用户的口头输入转化为文本信息，而自然语言处理技术则使得系统能够理解这些文本信息，并提取其中的关键信息。这使得虚拟助手能够以更加自然和便捷的方式与用户进行交流，有效地沟通和解析用户的意图。一旦理解了用户的需求，虚拟助手主体就能够通过集成各种应用程序和服务，执行特定的任务。例如，它可以回答用户的问题、发送短信、查询天气、安排日程等。在执行这些任务的过程中，虚拟助手主体需要具备高效的算法和强大的系统集成能力，以保证任务的准确性和及时性。虚拟助手通过机器学习、深度学习等技术，能够从用户的反馈和交互中不断学习，提高自身的智能水平。它可以记住用户的偏好、习惯，逐渐提高对用户需求的理解和响应能力。这种持续学习的机制使得虚拟助手主体能够更好地适应用户的个性化需求，提供更为智能、个性化的服务。

虚拟助手主体在人机交互领域扮演着重要的角色。其自然语言处理和学习能力使得用户能够更自由自在地应用先进技术，无须学习烦琐的指令或操作。这种直观、自然的交互方式大大提高了用户体验，拓展了人机交互的可能性。特别是在智能家居、智能车载系统等领域，虚拟助手主体更是成为人机交互的关键媒介。虚拟助手主体的发展不仅在个人领域取得了显著成果，也在商业、医疗、教育等各个领域发挥了重要作用。通过不断引入先进的人工智能技术，虚拟助手主体将在未来更广泛地应用于各种场景，为用户提供更为智能、便捷、个性化的服务。在人工智能时代，虚拟助手主体的不断演进将推动人机交互技术的创新，改变人们与技术互动的方式。

在人工智能的不断发展中，主体的概念将继续演化和丰富，更多领域将采用主体化的方法来实现智能、自主的系统。同时，主体的安全性、透明度和道德考量等方面也将成为人工智能研究和应用的重要议题。

第四节 人工智能背景下的活动

一、研究与开发

高校、科研机构和企业在人工智能领域进行大量的研究和开发活动，积极探索新的算法、模型和应用。这涵盖了深度学习、机器学习、自然语言处理、计算机视觉等多个方面的研究。

高校作为人才培养和科学研究的重要场所，在人工智能领域扮演着关键角色。许多高校设立了人工智能相关的研究机构和实验室，致力于推动该领域的前沿研究。教授、研究人员和学生参与深度学习、机器学习等方向的研究，推动学科的不断发展。高校通过开设人工智能相关的专业和课程，培养了一大批人工智能领域的优秀人才，为产业的发展和创新注入源源不断的智力支持。

许多科研机构致力于在人工智能领域进行前沿研究，推动该领域的技术和理论突破。这些机构通常聚焦于深度学习、神经网络、自然语言处理等研究方向，开展跨学科的合作，促进不同领域的知识交流和整合。科研机构通过发表论文、举办学术会议等方式，分享研究成果，推动全球人工智能领域的交流与合作。同时，一些机构还积极参与国家和国际级别的人工智能研究项目，为人工智能领域的发展贡献力量。

众多企业将人工智能技术引入自身业务，通过大量的研发活动探索新的人工智能应用场景。这些企业在深度学习、计算机视觉、自然语言处理等领域进行创新研究，推动人工智能技术的商业化应用。一些科技巨头不仅在技术研发上不断投入，还通过收购和合作等方式获取先进技术，加速人工智能领域的创新。企业的活动不仅在推动技术进步方面发挥关键作用，也在实际应用中推动了人工智能技术的落地，改变了许多行业的商业模式和运作方式。

人工智能的研究活动不仅在学术和产业界有很大的影响，还涉及多个领域的合作。跨学科的合作有助于促进知识的交叉融合，推动新的研究方向和应用场景的出现。例如，在医疗领域，人工智能与医学的结合正在推动医学影像分析、疾病诊断等方面的创新。在农业领域，人工智能技术被应用于农业机器人、智能农业管理等方面，提高了农业生产的效率。随着人工智能的快速发展，高校、研究机构和企业也越来越重视社会责任和伦理问题。开展人工智能研究的同时，对于算法的公平性、透明性、隐私保护等问题进行深入研究，努力构建负责任的人工智能研发与应用机制。同时，这些机构也在教育中强调人工智能的伦理教育，培养从业人员关注伦理问题的意识，引导人工智能的发展朝着更为可持续和社会友好的方向发展。高校、科研机构和企业在人工智能领域的活动丰富多样，不仅推动了技术的创新与发展，也对社会产生了深远的影响。这些活动为人工智能的广泛应用奠定了基础，为未来人工智能领域的进一步拓展和深化提供了有力支持，人工智能正逐步成为社会经济发展的重要引擎。

二、学术会议与论文发表

学术界定期举办国际和国内的人工智能相关会议，其中包括 NeurIPS（Conference on Neural Information Processing Systems）、ICML（International Conference on Machine Learning）、AAAI（Association for the Advancement of Artificial Intelligence）旗下的国际会议等。这些会议成为全球人工智能领域研究者的重要交流平台，通过发表论文，分享最新研究成果，探讨前沿问题，推动了人工智能领域的不断发展。

NeurIPS 是人工智能领域最重要的会议之一，每年吸引着世界各地的顶尖研究者参会。NeurIPS 旨在促进神经信息处理系统领域的交流与合作，涵盖了深度学习、神经网络、模型优化等多个方面。研究者通过在 NeurIPS 上发表论文，分享他们在人工智能领域的最新研究成果，从而推动该领域的技术不断向前发展。会议期间，除了论文报告外，还有研讨会、教程等多种形式的活动，为研究者提供了深入交流和学习的机会。

ICML 是机器学习领域的顶级会议，吸引着来自世界各地的研究者、学者和工业界专业人士。ICML 涵盖机器学习理论、方法、应用等方方面面，成为人工智能研究者展示其工作、获取反馈的重要平台。在 ICML 上，研究者能够听取领域内最杰出的专家的报告，参与各种研讨和交流活动，深入了解机器学习的最新进展，并有机会建立国际性的合作关系。ICML 的举办不仅促进学术界的学术研究，也推动产业界的创新和发展。

AAAI 是一个致力于推动人工智能领域科研和教育的学术组织，旗下的国际会议也是该领域的重要盛会之一。AAAI 国际会议不仅关注传统的人工智能研究，还着眼于跨学科的交叉领域，如人机交互、自然语言处理等。会议汇聚了来自学术界和工业界的研究者，共同分享他们在人工智能领域的研究和实践经验。AAAI 国际会议的成功举办有力地促进了人工智能研究的国际合作和学术交流。

这些国际会议不仅是研究者展示研究成果的舞台，更是学术界评价研究水平和交流学术观点的平台。在这些会议上，研究者们不仅能够了解来自世界各地的最前沿的研究成果，还有机会与国际同行深入交流，建立起良好的学术合作关系。这对于推动人工智能领域的创新和发展具有深远的影响。除了这些大型的国际会议外，还有许多其他规模较小但同样重要的专业平台，如 ACL（Association for Computational Linguistics）、CVPR（Conference on Computer Vision and Pattern Recognition）等，它们针对人工智能领域的具体方向提供了更为专业化的交流平台。这些学术活动共同构建了一个全球性的人工智能研究网络，为学术研究者提供了广泛的合作和交流机会，推动了人工智能领域的不断创新。

三、人工智能培训和教育

人工智能技术的迅猛发展在全球范围内引起了对人工智能培训和教育的持续关注。随着人工智能在各个行业的广泛应用，培训和教育活动的加强变得至关重要，以满足不同层次和需求的学习者。许多机构纷纷推出在线和线下的人工智能培训课程，以确保学生、专业人士和企业能够跟上这一迅猛发展的潮流。面对人工智能技术的不断进步，培训机构致力于提供高质量的培训课程，以帮助学生掌握人工智能的基本概念和先进技术。这些课程涵盖从机器学习、深度学习到自然语言处理等多个领域，旨在培养学生的应用技术能力和解决实际问题的能力。在线课程的普及使得学生可以根据自己的时间表和地点选择合适的学习方式，提高了学习的便捷性。企业也越来越重视员工的人工智能培训，以确保他们具备与时俱进的技能，能够更好地适应工作中的新技术。不少公司通过组织内部培训班或与专业培训机构合作，为员工提供与其工作相关的人工智能知识和技能。这有助于提高员工的绩效，使企业在竞争激烈的市场中保持竞争力。在教育活动方面，学校也积极顺应人工智能技术的发展趋势，将相关课程纳入教学体系。不仅如此，一些高校还设立了专门的研究机构，致力于推动人工智能领域的研究和创新。这种将人工智能融入教育的做法有助于培养下一代科技人才，使他们具备在未来社会中成功应对挑战的能力。在线培训平台的兴起为人工智能学习者提供了更为灵活和个性化的学习体验。通过各种在线课程，学生可以从丰富的教材中选择，根据自己的兴趣和需求进行学习。同时，一些平台还通过智能算法和个性化推荐系统，为学生提供更精准的学习建议，帮助其更高效地掌握知识。线下的培训活动也在不断创新。研讨会、讲座、实验室课程等形式多样的活动为学生提供了更为互动和实践的学习机会。专业导师和业界专家的参与使得培训活动更具权威性和实用性，帮助学生更好地理解和应用人工智能技术。

随着人工智能技术的飞速发展，培训和教育活动在人工智能背景下变得更加丰富。在线和线下的培训课程不仅为学生提供了更多选择，也为企业和学术界的人才培养提供了更多途径。这一发展势头有望进一步推动人工智能领域的创新和应用，为未来社会的发展奠定坚实基础。

四、政策和法规制定

随着人工智能技术的广泛应用，政府和国际组织在人工智能治理和规范制定方面发挥着日益重要的角色。面对人工智能带来的潜在挑战和机遇，各国政府纷纷采取积极措施，制定相关政策和法规，以确保人工智能的发展与社会的可持续发展相协调。同时，国际组织也在协同合作的框架下努力推动全球人工智能治理标准的制定，涵盖数据隐私、伦理原则、人工智能安全等多个方面，以促进全球人工智能技术的健康发展。

在数据隐私方面，政府通过立法和监管机制加强对个人数据的保护。针对人工智能应用中可能涉及的大量个人数据，政府制定了严格的数据隐私法规，规定了企业在收集、处理和存储个人数据时应遵循的规范。这不仅有助于保障公民的隐私权，也为企业提供了明确的经营规范，促进了人工智能技术的健康发展。政府还加强了对违反数据隐私法规的处罚力度，以形成对违规行为的强有力的威慑。

在伦理原则方面，政府在制定人工智能伦理框架时通常聚焦于确保人工智能技术的公正、透明和可解释性。伦理准则的制定涉及对算法决策的透明度的监测、对潜在偏见的消除，以及对人工智能系统的责任追溯等方面的规定。政府机构与专业伦理委员会应共同努力，确保伦理准则的全面实施。此外，一些国家还建立了独立的人工智能伦理监管机构，负责监督和评估人工智能技术的伦理合规性。

在人工智能安全方面，政府通过建立安全标准和监管框架，加强对人工智能系统的安全审查和监测。政府机构与行业协会合作，推动人工智能技术的研发和应用过程中融入安全设计原则。制定严格的人工智能安全法规，要求企业在开发和使用人工智能系统时，充分考虑潜在的安全威胁，并采取相应的措施加以防范。政府还通过资助研究项目，支持相关领域的科研工作，以促进人工智能技术的安全创新。在国际层面，各国政府通过国际组织展开合作，推动全球人工智能治理的协调和标准的制定。国际组织如联合国、世界经济论坛等在人工智能治理方面发挥了积极作用。各国政府通过多边和双边渠道分享最佳实践，制定共同的国际准则，以确保全球范围内人工智能技术的发展与使用都符合高标准的伦理和安全要求。这种跨国合作有助于避免不同国家在人工智能治理方面出现碎片化和不协调的现象，形成全球性的治理体系。政府还通过支持人工智能研究和人才培养，推动人工智能治理的发展。政府机构与学术界、产业界合作，共同开展研究项目，推动人工智能技术的发展与创新。政府还提供奖励和补贴，鼓励企业投入更多资源进行人工智能安全和伦理方面的研究。在人才培养方面，政府投资于培养具备人工智能治理专业知识和技能的专业人才，以满足社会对于人工智能治理方面专业人才的需求。

政府和国际组织在人工智能治理和规范制定方面积极参与，通过数据隐私、伦理原则、人工智能安全等方面的政策和法规制定，致力于推动人工智能技术的可持续、安全和伦理发展。这为全球范围内的人工智能应用提供了统一的框架，促使各方共同努力，共同应对人工智能技术发展中的挑战，确保其为社会带来更多的利益。这些活动共同推动了人工智能技术的发展与普及，助力各行各业更好地应用人工智能，解决实际问题，并引导人工智能技术朝着更加安全、可持续和伦理的方向发展。

第五节　人工智能背景下的平台

一、硬件平台

在人工智能领域，硬件平台的发展对于深度学习和机器学习的推动至关重要。英伟达（NVIDIA）和谷歌（Google）分别以其图形处理单元（GPU）和张量处理单元（TPU）为代表，成为深度学习领域最为知名的硬件生产商，推动了人工智能应用的不断创新和发展。

NVIDIA 作为一家全球领先的 GPU 制造商，其 GPU 产品在深度学习训练中发挥着重要作用。GPU 相比传统的中央处理单元（CPU）在并行计算方面有着显著的优势，使其成为深度学习训练的理想选择。NVIDIA 的 GPU 产品系列，如 NVIDIA Tesla 和 NVIDIA Quadro，以其强大的计算能力和并行处理能力成为深度学习研究和应用的首选硬件平台。NVIDIA 的 CUDA（Compute Unified Device Architecture）平台为深度学习框架提供了良好的支持，使得研究人员和开发者可以更高效地利用 GPU 进行深度学习任务的训练和推理。众多深度学习框架，如 TensorFlow、PyTorch 等，都得益于 NVIDIA 的 GPU 加速技术，使得深度学习模型的训练速度大幅提升。此外，NVIDIA 还推出了专为深度学习任务设计的 GPU 产品，如 NVIDIA A100 Tensor Core GPU。这一系列产品在架构、性能和功耗等方面都进行了优化，以更好地满足深度学习训练的需求。NVIDIA 的 GPU 不仅在学术界得到广泛应用，也在工业界、医疗领域等各行各业推动着人工智能技术的应用与创新。

Google 则推出了专门为机器学习工作负载设计的 TPU。TPU 是一种专用硬件加速器，旨在加速深度学习模型的训练和推理。相比通用的 CPU 和 GPU，TPU 在处理机器学习任务时具有更高的能效和性能，特别适用于 Google Cloud 上的机器学习工作负载。

TPU 的设计理念是通过硬件的专业化来提高机器学习任务的执行效率。Google Cloud 上提供的 TPU 服务使用户可以在云端灵活使用 TPU 硬件进行机器学习任务，而无须担心硬件的维护和更新。TPU 与 TensorFlow 深度集成，使用户可以轻松地在 TensorFlow 框架上运行其深度学习模型，并受益于 TPU 硬件加速带来的性能提升。Google 的 TPU 在性能和能效方面取得了显著的成就，推动了机器学习在云计算环境中的广泛应用。TPU 的发展不仅服务于 Google 自身的机器学习需求，还为云端机器学习服务提供了一种高效的硬件解决方案，受到了广大开发者和企业的青睐。

NVIDIA 和 Google 都在致力于不断改进其硬件产品，以满足不断增长的深度学习需求。他们之间的竞争促进了技术的创新，为人工智能领域的发展带来了新的动力。NVIDIA 和 Google 分别以其 GPU 和 TPU 为代表，成为深度学习领域最为知名的硬件生产商。他们的产品不仅在学术界和科研领域取得了广泛应用，也在工业、医疗、云计算等各个领域推动了人工智能技术的应用与创新。这些硬件平台的发展为深度学习和机器学习的研究者、开发者和企业提供了强大的工具，推动了人工智能领域的不断进步。

二、开发平台和框架

开源机器学习框架在推动深度学习和人工智能领域的发展中发挥着关键作用。Google 的 TensorFlow 和脸书（Facebook）的 PyTorch 分别代表了两个领先的深度学习框架，而 Keras 作为一个高级神经网络 API，为构建和训练深度学习模型提供了便捷的方式。这三者在研究界和工业界都得到了广泛的应用，成为推动人工智能技术不断进步的关键工具。

TensorFlow 是由 Google 开发的开源机器学习框架，广泛应用于构建和训练深度学习模型。其设计理念是提供一个灵活而强大的平台，使得研究人员和开发者能够更容易地实现复杂的深度学习模型。TensorFlow 支持动态计算图和静态计算图两种模式，这使得用户可以选择适合其任务需求的模型构建方式。TensorFlow 提供了丰富的工具和库，涵盖了从基础的线性代数运算到高级的神经网络构建，以及在移动设备和嵌入式系统上进行模型部署的支持。TensorFlow 还在分布式计算和 GPU 加速等方面进行了优化，使得用户可以充分利用现代硬件来加速深度学习任务的训练和推理。

Facebook 的 PyTorch 也是一款备受欢迎的开源深度学习框架。PyTorch 的设计理念更加灵活，注重直观性和易用性。其动态计算图的特性使得用户能够更自然地构建和调试模型，这对于研究人员在实验阶段快速迭代模型设计至关重要。PyTorch 在研究界得到了广泛的应用，尤其在自然语言处理和计算机视觉等领域取得了显著的成就。由于其易用性和灵活性，PyTorch 也在工业领域得到了广泛的应用，成为很多公司深度学习项目的首选框架。Facebook 还积极推动 PyTorch 社区的发展，使其成为一个活跃、开放的社区，吸引了众多开发者的参与。

Keras 是一个高级神经网络 API，最初由 François Chollet 开发，已经被整合到 TensorFlow 中。Keras 的设计目标是提供一种简单而直观的接口，使得用户能够轻松地构建和训练深度学习模型。Keras 支持多种后端，包括 TensorFlow、Theano 和 Microsoft Cognitive Toolkit，这使得用户可以选择适合其需求和喜好的深度学习框架。Keras 的高级 API 设计使得用户无须过多关注底层实现细节，能够更专注于模型的设计和调优。同时，Keras 的模块化设计也使得用户可以方便地扩展和自定义模型结构。其广泛的社区支持和文档资源也为用户提供了丰富的学习和使用资料。

在人工智能背景下，这三个框架的发展不仅推动了深度学习模型的研究和应用，也为开发者提供了多样化的选择。TensorFlow 和 PyTorch 的竞争促使它们不断优化和改进，为用户提供更好的开发体验。而 Keras 作为高级 API 则在其整合到 TensorFlow 后，为用户提供了更加方便的模型构建方式。这些框架的不断演进反映了人工智能领域的迅速发展，也为研究者和开发者提供了强大的工具，促进了深度学习技术在各个领域的广泛应用。这种开源框架的生态系统不仅推动了学术界的前沿研究，也助力了工业领域在实际应用中的创新。

三、云计算平台

在人工智能背景下，云计算服务发挥着关键的作用，为开发者和企业提供了强大的机器学习（ML）和人工智能服务。这些云端服务不仅为用户提供了高度可扩展的计算资源，还整合了先进的人工智能算法和模型，为各种应用场景提供了丰富的解决方案。

云计算是一种基于互联网的计算模型，通过提供按需的计算资源，包括计算能力、存储和数据库等，为用户提供灵活、可扩展的互联网技术（IT）基础设施。在人工智能时代，云计算服务不仅方便了存储和处理数据，更成了构建、训练和部署人工智能模型的关键。

Azure Machine Learning（AML）是微软推出的一套全面的云端机器学习服务。它提供了端到端的机器学习解决方案，包括数据准备、模型训练、部署和监控等各个环节。AML 支持各种常见的机器学习框架，如 TensorFlow、PyTorch 等，并提供了自动化机器学习（AutoML）功能，使得即便对机器学习不够熟悉的开发者也能够快速构建高效的模型。

亚马逊云计算（AWS）提供了多种人工智能服务，如 Amazon Rekognition（图像分析）、Amazon Polly（文本转语音）、Amazon Comprehend（自然语言处理）等。这些服务能够帮助用户快速集成人工智能能力，使应用更加智能。AWS 也提供了强大的机器学习服务，AWS 机器学习支持构建、训练和部署机器学习模型的完整流程。其深度学习服务支持使用预训练的深度学习模型，使得开发者能够轻松应用先进的深度学习技术。

谷歌云的 AI Platform 提供了一整套端到端的机器学习服务，包括数据预处理、模型训练、部署和监控。它支持 TensorFlow 和 Scikit-Learn 等主流机器学习框架，同时集成了 AutoML 功能，以简化模型构建的过程。

微软 Azure 的 Cognitive Services 是一套丰富的云端人工智能服务，包括计算机视觉、语音识别、自然语言处理等多个功能，为开发者提供了强大的工具，用于构建智能应用，如人脸识别、情感分析等。Google Cloud 的人工智能服务包括 Vision AI、Natural Language AI、Speech-to-Text 等多个方向。这些服务涵盖了图像识别、自然语言处理、语音转文本等多个领域，为用户提供了丰富的 AI 功能。

在人工智能的推动下，云计算服务不断演进，为开发者提供了更强大、更智能的工具和平台。无论是 Azure Machine Learning、AWS 机器学习，还是 Google Cloud AI Platform，这些云端服务都为用户提供了构建创新性、高效智能应用的理想环境。在未来，随着人工智能技术的不断进步，云计算服务将继续发挥关键作用，推动数字化转型和创新的浪潮。

四、自动化机器学习平台

自动化机器学习平台是一种创新性的工具，旨在通过简化和加速机器学习模型的构建和部署过程，为用户提供高效、智能的解决方案。这种平台不仅是一个工具集，更是一种在人工智能领域下的进步，为开发人员和数据科学家提供了强大的工具，以更轻松地应对复杂的数据科学挑战。在自动化机器学习平台上，提供了托管的 Apache Spark 服务，为用户提供了强大的大规模数据处理和机器学习能力。

Apache Spark 作为分布式计算框架，能够处理海量数据，并以高效的方式执行复杂的数据处理任务。这为用户提供了在大规模数据集上构建和训练机器学习模型的理想环境。

在人工智能背景下，这个自动化机器学习平台具有以下关键特征和优势：用户可以通过简单的界面或 API 调用，快速构建复杂的机器学习模型，无须深度学习专业知识。这降低了模型开发的门槛，使更多的人能够参与机器学习项目中。平台可能集成了智能模型选择算法，能够根据数据特征和目标任务自动选择最合适的模型架构。这有助于提高模型性能，并减轻用户在模型选择上的负担。通过自动化的超参数调优技术，平台可以优化模型的性能，提高其在不同数据集上的泛化能力。这种自动化过程减轻了用户在调整模型参数上的工作量。平台提供了方便的模型部署工具，使用户能够轻松地将训练好的模型部署到生产环境中。同时，通过托管的 Apache Spark 服务，用户能够处理大规模的实时数据，确保模型在实际应用中的高效性能。这种平台通常设计了直观、用户友好的界面，使用户能够轻松地监控和管理他们的机器学习项目。图形化界面有助于加速学习曲线，使新手也能够迅速上手。

自动化机器学习平台是人工智能领域的一项重要的技术创新，为机器学习应用的开发和部署提供了更高效、便捷的解决方案。通过整合大数据处理能力和智能化工具，自动化机器学习平台有望推动人工智能应用的广泛普及，促使更多行业从中受益。

五、人工智能应用开发平台

在数字化时代，云计算已经成为企业和个人加速创新、提高效率的关键驱动力之一。一些领先的云服务提供商通过提供多样化的服务，特别是在人工智能和机器学习领域，为用户提供了更强大、灵活的解决方案。其中，Azure 云平台作为一项综合性的云计算服务，以其强大的机器学习和人工智能服务而脱颖而出，为企业和开发者提供了丰富的云服务生态系统。

Azure 提供了全面的云计算服务，涵盖了基础设施即服务（IaaS）、平台即服务（PaaS）和软件即服务（SaaS）等多个层次。用户可以根据自身需求选择适当的服务模型，灵活构建和扩展他们的应用和业务。Azure Machine Learning 平台是其机器学习服务的核心。它提供了丰富的工具和库，帮助用户在云端轻松构建、训练和部署机器学习模型。从传统的统计学习到深度学习，Azure Machine Learning 平台涵盖了多种机器学习范式，为用户提高了应用的灵活性和可扩展性。Azure 为开发者提供了一系列人工智能服务，包括计算机视觉、语音识别、自然语言处理等。这些服务可以直接集成到应用中，使开发者能够轻松实现复杂的人工智能功能，而无须深入了解底层技术。Azure 支持建设和管理大规模数据湖，通过集成 Azure Synapse Analytics 等服务，用户可以在云端高效地存储、管理和分析海量数据。这对于机器学习任务中的数据处理和特征工程至关重要。Azure 注重安全性，提供一系列先进的安全控制和工具，确保用户数据的机密性和完整性。同时，Azure 遵循各种国际标准和合规性要求，为用户提供可信赖的云计算环境。Azure 与多种开发语言、框架和工具集成，支持多样化的开发环境。这使得开发者能够使用他们熟悉的工具进行开发，并无缝地集成 Azure 的服务。云端架构使得 Azure 具备高度的可扩展性和弹性。用户可以根据需要随时扩展或缩减资源，实现按需付费，降低成本。在 Azure 云平台的支持下，企业和开发者能够更加轻松地利用先进的人工智能和机器学习技术，推动创新、优化业务流程，并为未来的数字化挑战做好准备。Azure 的综合性和开放性使其成为一个强大的云计算平台，为各行各业的用户提供了持续创新的机会。

六、开放数据集平台

在迅速发展的人工智能领域，机器学习竞赛和开放数据集成为推动创新、促进合作以及培养人才的关键要素。一些先进的平台通过提供各种机器学习竞赛和丰富多样的开放数据集，成功地吸引了全球范围内的数据科学家、研究者和开发者，构建了一个充满活力和创造力的社区。这些平台举办各种多样化的机器学习竞赛，涵盖计算机视觉、自然语言处理、推荐系统、时间序列分析等多个领域。这给参与者带来了诸多挑战，促使他们在不同方向上拓展自己的技能和知识。许多竞赛设计基于真实世界的问题和数据集，使得参与者能够直接应用他们的机器学习技能来应对实际挑战。这种实际应用有助于参与者将理论知识转化为创新的解决方案。这些平台通常为竞赛设定丰厚的奖金和奖项，以及与业界合作的机会。这激发了数据科学家和研究者的积极性，促使他们在竞争激烈的环境中追求卓越。通过在线平台，这些竞赛能够吸引来自全球不同地区的参与者。这种多元化的参与促进了知识和文化的交流，推动了全球范围内的数据科学共同体的发展。这些平台提供了大量的开放数据集，使得研究者和开发者可以在自己的项目中使用。这为学术研究、教育和实际应用提供了丰富的资源，有助于拓展机器学习领域的边界。这些平台鼓励参与者之间相互协作，通过在线论坛和社交媒体平台，促使参与者共同解决问题、分享经验和交流想法。这种协作精神推动了整个社区集体智慧的发展。平台通常提供丰富的教育和培训资源，包括教程、文档和线上课程。这有助于新手快速入门，并在专业人士的帮助下不断深化他们的知识。参与者可以通过平台获得实时的评估和反馈，了解他们的模型性能以及如何改进。这种迅速的反馈循环有助于加速知识的积累和技能的提升。通过这些机器学习竞赛和开放数据集平台，全球范围内的数据科学家和研究者能够积极参与创新活动，共同推动人工智能技术的发展。这不仅激发了个体的创造力和热情，也为整个领域的不断进步奠定了坚实的基础。这些平台在培养人才、促进合作、解决实际问题等方面发挥着不可替代的作用，为人工智能的未来打下了坚实的基础。这些平台为研究者和开发者提供了丰富的资源和工具，加速了人工智能技术的发展，同时，也推动了人工智能技术在各行各业的广泛应用。

第三章 计算机教学基础

第一节 计算机基本知识

一、计算机的诞生

电子数字积分计算机（ENIAC）是世界上第一台数字式电子计算机于 1946 年在美国宾夕法尼亚大学诞生。该计算机占地 170 平方米，重 30 余吨，耗资 40 多万美元，每秒可进行 5000 次加法运算。它于 1946 年 2 月交付使用，最终于 1955 年 10 月切断电源，共服役 9 年时间。ENIAC 的诞生标志着计算机科学和技术的新时代的开始。在当时，它的规模和性能都是空前的，但与今天的计算机相比，它显得庞大而笨重。这台计算机的建造是为了支持科学和工程领域的复杂计算，特别是在原子弹研究等方面。ENIAC 的特点包括庞大的体积、高昂的造价和相对较低的运算速度。然而，正是通过 ENIAC 的成功，人们开始认识到电子计算机的潜力，并为今后的计算机发展奠定了基础。ENIAC 的历史贡献不仅在于其本身的运算能力，更在于它在计算机科学发展史上的开创性地位。

二、计算机的发展阶段

自第一代计算机诞生至今的 70 多年里，计算机的制造技术和使用方法发生了翻天覆地的变化。无论是运算速度、存储容量，还是元件制造工艺和系统结构等都有了惊人的发展和提高。根据计算机所采用的电子元件的不同，计算机的发展历程可划分为以下四个阶段。

（一）第一代计算机（1946—1957）

第一代计算机是电子管计算机，其基本元件是电子管。这一时期的计算机的运算速度通常在千次到几万次每秒之间。计算机程序设计语言处于最低阶段，编程主要采用一串 0 和 1 表示的机器语言，直到 20 世纪 50 年代才出现汇编语言。在第一代计算机时期，操作系统尚未出现，这使得操作这些机器变得相当困难。计算机体积庞大，造价昂贵，运算速度相对较低，存储容量有限，可靠性差，且不易掌握。这一时期的计算机主要应用于军事和科学研究领域，用于解决复杂的科学计算和军事模拟等问题。电子管是第一代计算机的基本元件，它们是一种电子设备，用于放大和控制电流。电子管计算机的构造复杂，其维护和故障排除要求极高的专业技术。由于电子管的使用，这些计算机运行中产生了大量的热量，需要强大的冷却系统来保持正常运行。第一代计算机为后续计算机技术的发展奠定了基础，但由于种种限制，它们在实际应用中面临诸多挑战。随着时间的推移，计算机技术逐步演进，迈入了下一发展阶段。

（二）第二代计算机（1958—1964）

第二代计算机代表着计算机技术的进一步演进，采用了晶体管作为主要元件。相较于第一代计算机，第二代计算机的运算速度有了显著提高，从万次每秒增加到几十万次每秒。晶体管是第二代计算机的核心元件，它取代了电子管，具有小体积、低成本、轻质、高速度、强大的功能以及相对较高的可靠性。这一代计算机的出现标志着计算机技术进入了一个全新的阶段，为计算机后续的发展奠定了基础。在第二代计算机时期，计算机软件经历了较大的发展。监控程序的出现为后来的操作系统奠定了基础，这使得计算机的操作变得更为方便。同时，高级语言如 Basic 和 Fortran 的推出使得程序编写更加直观和便捷，实现了程序的兼容性。这一时期，计算机的应用领域也得到了扩展。除了传统的科学计算，第二代计算机开始广泛应用于数据处理、事务管理等其他领域。其小巧的体积、低廉的成本以及高速的运算速度使得计算机技术逐渐渗透各个行业，为信息化时代的到来奠定了基础。第二代计算机的出现标志着计算机技术的快速发展，计算机在各个方面的性能都得到了提升，为后续计算机的进一步创新打下了坚实的基础。

（三）第三代计算机（1965—1971）

第三代计算机是计算机技术的又一次革命，其主要元件是小规模集成电路和中规模集成电路。集成电路是一种特殊的工艺，将完整的电子线路制作在一个硅片上。相较于使用晶体管电路的第二代计算机，第三代计算机的体积和质量进一步减小，而运算速度、逻辑运算功能和可靠性则有显著提高。在第三代计算机的时期，软件逐渐形成了产业，并取得了巨大的发展。操作系统在规模和功能上迅速发展，这一时期开始出现了结构化、模块化的程序设计思想。同时，结构化的程序设计语言 Pascal 也应运而生，使得程序设计变得更为清晰和易于理解。第三代计算机主要应用于科学计算、企业管理、自动控制、辅助设计和辅助制造等多个领域。这一时期计算机的广泛应用促进了科学研究的发展，提高了企业管理的效率，提高了自动控制系统的性能，促进了计算机在设计和制造领域的辅助应用。这一时期的计算机技术不仅在科学领域得到广泛应用，还逐渐渗透到各个行业，为社会的现代化和信息化提供了强有力的支持。第三代计算机的出现标志着计算机技术的更为成熟和全面的发展，为信息时代的来临打下了坚实的基础。其小型化、高性能和广泛应用的特点，对计算机技术的未来发展产生了深远的影响。

（四）第四代计算机（1971 年至今）

第四代计算机代表了计算机技术的又一次革命，其主要元件是大规模集成电路（Large Scale Integration，LSI）和超大规模集成电路（Very Large Scale Integration，VLSI）。随着集成电路技术的不断发展，出现了可容纳数千至几十万个晶体管的大规模和超大规模集成电路，这使得计算机的制造者能够将计算机的核心部件甚至整个计算机都集成在一个硅片上，从而使计算机的体积和质量进一步减小。第四代计算机的运算速度取得了显著提升，可达几百万次至上亿次每秒。这一时期，操作系统向虚拟操作系统发展，数据管理系统不断完善和提高。同时，计算机程序语言也进一步发展和改进，为程序员提供了更加高效和灵活的工具。软件行业在这一时期发展为新兴的高科技产业，对信息社会的发展产生了深远的影响。第四代计算机的应用领域不断向社会各个方面扩展。除了继续在科学计算、企业管理、自动控制等领域发挥作用，计算机还开始广泛应用于办公自动化、数据库管理、图形识别、专家系统等新兴领域。此外，计算机技术进入了家庭，成为人们日常生活中不可或缺的一部分。第四代计算机的出现标志着计算机技术的飞速发展和全面进步。集成电路技术的突破为计算机性能的提升提供了强大的支持，使得计算机在各个方面的应用都取得了显著的突破。这一时期的计算机技术为未来的计算机科学和技术发展打下了坚实的基础。

三、计算机的发展趋势

随着科技的迅猛进步和各种计算机技术、网络技术的飞速发展，计算机的发展进入一个快速而崭新的时代。从最初功能单一、体积庞大的阶段，计算机已经演变成功能复杂、体积微小、资源网络化的现代形态。

计算机的未来充满了可能，而性能的大幅提升只是其中的一个方面。实现性能的飞跃有多种途径，但计算机的发展方向不限于性能提升，还包括人性化、环保等多个方面。计算机技术的未来发展不可否认将伴随着性能的大幅提高。随着技术的不断创新，计算机的性能将进一步提升。新一代的处理器、存储技术以及量子计算等新技术将推动计算机性能的快速发展。这将使得计算机能够更加高效地处理复杂的计算任务，推动科学研究、商业应用等领域的进步。

性能提升并不是计算机发展的唯一路线，人性化是计算机发展的另一个重要方向。随着计算机技术的成熟，人们对于计算机的使用期望不仅仅停留在执行任务上，更加关注计算机与人的交互方式、用户体验等方面。未来的计算机应当更加智能、灵活，能够更好地满足用户的需求，让计算机成为人们日常生活中的智能助手。

计算机的发展中还需要注重环保等问题。随着计算机的普及和大规模使用，新的应用对能源的需求也在不断增加。未来的计算机技术应当更加注重能源效率，减少对环境的负担。绿色计算、可持续发展将成为计算机技术发展的必然趋势。计算机从机器语言、程序语言、简单操作系统到现代操作系统如 Linux、MacOS、BSD、Windows 等四代，运行速度得到了巨大提升。第四代计算机的运算速度已经达到几十亿次每秒，而计算机的普及使其不再仅供军事科研使用，而成为人人都能拥有的工具。计算机强大的应用功能催生了巨大的市场需求，未来计算机性能将向着巨型化、微型化、网络化、人工智能化、多媒体化和技术化的方向发展。在未来，计算机技术将更加普及和深入，应用领域将更加广泛。

计算机不仅是一台工具，更是推动社会进步、促使创新的引擎。随着技术的演进，我们有望看到计算机技术在医疗、教育、交通、娱乐等领域发挥更为重要的作用，为人类社会的可持续发展贡献更多力量。因此，未来计算机的发展将是一个多方面、多层次的进步过程，既注重性能的提升，也关注人性化、环保等方面，为构建更加智能、绿色、可持续的未来社会奠定基础。

（一）巨型化

巨型化是指为了适应尖端科学技术的需要，发展高速度、大存储容量和功能强大的超级计算机。在这一过程中，计算机的功能也变得更加多元化。这种发展趋势旨在满足日益复杂和庞大的科学计算、数据处理和模拟需求。超级计算机通常采用并行计算架构，通过同时处理多个任务或分解大型问题以提高计算效率。这使得巨型化的计算机能够在更短的时间内完成复杂的科学研究和工程计算任务，为科学家、工程师和研究人员提供了强大的工具来推动科技创新和发现。

（二）微型化

一方面，随着微处理器的出现和应用，计算机体积缩小了，成本降低了，变成了"微机"。另一方面，软件行业的飞速发展提高了计算机内部操作系统的便捷度，计算机外部设备也趋于完善。计算机理论和技术上的不断完善促使微机很快渗透全社会的各个行业和部门，并成为人们生活和学习的必需品。几十年来，计算机体积不断缩小，台式电脑、笔记本电脑、掌上电脑、平板电脑体积逐步微型化，为人们提供更便捷的服务。因此，未来计算机仍会不断趋于微型化，体积将越来越小。

（三）网络化

互联网的出现将世界各地的计算机联结在一起，标志着人类正式迈入了互联网时代。计算机网络化的发展彻底改变了人类的生活和工作方式，为社会带来了巨大的变革。通过互联网，人们可以轻松进行沟通和交流，利用 QQ、微博等平台建立联系。此外，互联网还促进了教育资源的共享，通过提供文献查阅服务和远程教育等形式，使知识更加便捷地传播。信息的查阅和共享也得以通过互联网实现，百度、谷歌等搜索引擎成为人们获取各类信息的重要工具。这为个人、企业和组织提供了更广泛的信息获取途径，推动了信息社会的发展。特别值得注意的是，随着无线网络的普及，人们能够更加灵活地利用互联网，进一步提高了使用网络的便捷性和效率。未来，计算机将进一步朝着网络化方向发展。随着5G等新一代网络技术的推广，网络连接速度将得到进一步提升，更多的设备能够实现高效、实时的互联。这将催生出更多创新的网络应用和服务，进一步深化互联网在人们日常生活、工作和社交中的渗透程度。网络化的未来将为社会带来更多便利，但也需要关注网络安全和隐私保护等方面的挑战。

（四）人工智能化

计算机人工智能化是未来发展的必然趋势。尽管现代计算机具备强大的功能和运算速度，但与人脑相比，其智能化和逻辑能力仍存在差距。为了弥补这一差距，人类正积极探索如何使计算机更好地反映人类思维，使其具备逻辑思维和判断能力。这一努力的目标是使计算机能够通过思考与人类进行更自然、智能化的沟通和交流。在这个过程中，我们逐渐摒弃了过去依赖编写程序的方式来实现计算机功能的传统方法。相反，人工智能的发展使我们能够直接对计算机发出指令，从而实现更加灵活、智能的应用。这种趋势不仅使计算机更容易与人类互动，还提高了计算机的适应性和学习能力。人工智能技术的发展涉及机器学习、深度学习等领域，这使得计算机能够通过大量的数据学习和改进自己的性能。深度学习算法的应用使得计算机可以模拟人类的神经网络结构，从而更好地理解和处理复杂的信息。这种模拟人脑的方式有望进一步提升计算机的智能水平，使其能够更好地理解语言、图像和其他复杂信息。未来，随着人工智能技术的不断发展，计算机将更加智能化，逐渐具备更为复杂的逻辑思考和判断能力。这将带来许多领域的变革，包括医疗、教育、工业等。然而，随着人工智能的发展，我们也需要关注伦理和社会影响等方面的问题，以确保人工智能的应用符合人类的利益和价值观。在探索计算机人工智能化的未来发展道路时，平衡技术创新与社会责任将至关重要。

（五）多媒体化

传统的计算机处理的信息主要涉及字符和数字，然而，人们更加习惯处理多媒体信息，包括图片、文字、音像等多种形式。多媒体技术的发展对信息处理领域产生了深远的影响，它能够集成图形、图像、音频、视频和文字等多种媒体形式，使得信息处理的对象和内容更加接近真实世界。

多媒体技术的核心是将各种类型的信息集成在一起，以提供更为丰富、生动的用户体验。其中，图形和图像使得信息更加直观，音频和视频则增强了信息的感知和表达效果，文字提供了更为精确和详细的信息。通过多媒体技术，计算机能够更全面地呈现和传递信息，满足人们对多样性和互动性的需求。多媒体信息处理的一个重要方面是图形和图像处理。计算机图形学的发展使计算机能够生成和处理各种图形，包括图表、图标、动画等。图像处理技术则允许计算机对图像进行编辑、增强和分析。这些技术在设计、艺术、医学影像等领域都发挥着重要作用。此外，音频和视频处理技术也在不断演进。计算机能够录制、编辑和播放音频，进行语音识别和合成。视频处理技术允许计算机捕捉、编辑和播放视频，也包括图像识别和分析等方面的应用。这些技术在娱乐、教育、通信等领域有着广泛的应用。文字处理是信息表达的基础，通过文字，人们能够更精确地传递信息。计算机文字处理技术使得文档的创建、编辑和分享变得更加便捷。随着自然语言处理和机器翻译等技术的发展，计算机在理解和处理文字方面的能力不断提高。

多媒体技术的发展不仅使信息更加生动、直观，也丰富了人们的沟通和表达方式。通过社交媒体、在线视频等平台，人们能够更加自由地分享和交流多媒体信息。这促使了信息社会的形成，也对计算机科学和技术提出了更高的要求。未来，随着技术的不断进步，多媒体技术将继续演化。增强现实、虚拟现实、混合现实等新兴技术将进一步拓展多媒体信息的呈现方式。同时，人工智能在多媒体内容分析和生成方面的应用将进一步提高多媒体信息处理的智能水平。这将为人们带来更加丰富、沉浸式的体验，推动多媒体技术在各个领域的广泛应用。在这个过程中，我们也需要关注隐私保护、信息安全等问题，确保多媒体技术的健康发展和合理应用。

（六）技术结合

计算机微处理器作为计算机的核心部件，以晶体管为基本元件，经历了不断完善和更新换代的过程。这不仅加速了计算机结构和元件的演变，而且在光电技术、量子技术和生物技术的推动下，新型计算机正迎来前所未有的发展机遇。晶体管技术是现代计算机的基石，微处理器的发展离不开晶体管技术的不断创新。随着时间的推移，晶体管的尺寸逐渐缩小，性能逐步提升，从而实现了微处理器的高度集成。这种集成使得计算机的处理能力得到显著提升，同时减小了计算机的体积和功耗，推动了计算机技术的迅猛发展。

在过去的几十年里，处理器的演进主要集中在算术逻辑单元（ALU）和控制单元的整合。这两者逐渐被整合到一块集成电路上，形成了中央处理器，即微处理器。这种整合极大地简化了计算机的结构，提高了计算效率。工作模式变得更加直观：在一个时钟周期内，计算机从存储器中获取指令和数据，执行指令，存储数据，再获取下一条指令。这个过程不断地循环执行，直至得到一个终止指令。微处理器的工作中，控制器负责解释指令，而运算器则执行这些指令。指令集是一个被精心定义的、数目相对有限的简单指令集合。这种设计使得计算机能够高效地执行各种任务，从基本的算术运算到复杂的程序控制。

随着技术的不断发展，计算机的发展正面临着新的挑战和机遇。光电技术的进步为计算机通信提供了更高的速度和带宽，使得光学计算机成为可能。量子技术的研究推动了量子计算机的发展，其潜在的计算能力超越了传统计算机的局限。生物技术的发展也在探索生物计算机等新兴领域。光电技术利用光子传递信息，可以提供更高的传输速度和更大的带宽。量子技术则利用量子比特的超导性质，实现了超越经典计算机的计算速度。生物技术通过仿生学的方法，借鉴生物系统的结构和功能，探索新型的计算机架构。这些新技术的涌现，使得计算机的未来发展变得更加多样化和复杂化。同时，这也带来了许多挑战，包括技术稳定性、安全性、伦理问题等。如何在新技术和传统技术之间取得平衡，推动计算机科学的长足发展，将是未来计算机领域需要共同面对的课题。在这个过程中，全球科学家和工程师的协作将发挥关键作用，共同推动计算机技术的创新和进步。

四、计算机的特点

计算机起初主要用于数值计算，但随着计算机技术的迅猛发展，其应用范围不断扩大，广泛地应用于自动控制、信息处理、智能模拟等各个领域。计算机能处理包括数字、文字、表格、图形、图像等信息。计算机之所以具有如此强大的功能，主要是因为它有以下六方面的特点。

（一）运算速度快

计算机的运算速度是衡量其性能的关键指标之一，通常以计算机一秒内能执行的加法运算次数来评估。这个指标直接反映了计算机处理数据的效率和速度。计算机的运算部件采用电子器件，其运算速度远远超过其他传统计算工具，这使得计算机在处理大规模数据和复杂计算任务时表现出色。电子器件在计算机的运算部件中发挥关键作用。这些器件包括处理器、内存和其他相关组件，它们通过高速电子信号的传递来执行各种运算任务。

这种高速运算能力使得计算机在各个领域都能发挥重要作用。特别是在科学和工程领域，计算机的高速运算能力得到了广泛的应用。天气预报是一个很好的例子，它需要处理大量的气象数据并进行复杂的数值模拟，以预测未来的天气情况。计算机的快速运算使天气预报模型能够在短时间内生成准确的预测结果，帮助人们更好地应对气象变化。地质勘探也是一个需要大量运算的领域。在地质勘探中，计算机通过处理地质数据和进行模拟，帮助科学家们了解地球内部的结构和资源分布。高速运算能力使地质勘探可以更加迅速、精确地进行，为资源勘探和开发提供了有力支持。计算机的高速运算能力对于现代科技和工程领域的发展起到了关键作用。它不仅提高了数据处理的效率，也拓宽了科学研究和工程应用的范围。随着技术的不断进步，计算机在未来能发挥更大的作用，推动科技创新和社会发展。

（二）存储容量大

计算机的存储器在信息处理中发挥着至关重要的作用。存储器不仅能够保存原始数据、中间结果和运算指令，还可以快速准确地检索和存取这些信息。这为计算机的高效运行和广泛应用奠定了坚实的基础。

存储器的主要任务之一是保存原始数据。在计算机进行各种任务时，需要对输入的数据进行存储，以备后续的处理和分析。这些原始数据可以是文本、图像、音频或视频等多种形式，而计算机的存储器能够以极快的速度将这些信息存储起来，确保数据不会丢失。

中间结果的存储对于复杂的计算任务至关重要。在进行复杂的数学运算或处理大规模数据集时，计算机会生成中间结果。这些中间结果可能在后续的计算步骤中被多次引用，而存储器的作用就在于快速有效地保存这些中间数据，以提高计算效率。

存储器还承担着存储运算指令的任务。计算机需要执行一系列的指令来完成特定的任务，这些指令被存储在存储器中，并在需要时被调用。这种灵活的指令存储和调用机制使得计算机能够根据不同的应用需求执行各种任务，从简单的文本处理到复杂的模拟和计算。

计算机应用使得从庞大的文献、资料和数据中查找和处理信息变得轻而易举。存储器的高速读写能力使得计算机可以在瞬间内检索到所需的信息，从而大大提高了信息处理的效率。这对于科学研究、商业决策、医学诊断等领域都具有重要意义。在科学研究中，研究人员可以通过计算机存储器方便地存储和分析大规模的实验数据，加速科学发现的过程。在商业领域，企业可以利用计算机存储器管理和分析客户数据、市场趋势等信息，以支持决策制定。在医学领域，计算机存储器的运用使得医生能够更快速地访问患者的医疗记录，提高了诊断和治疗的效率。

计算机存储器的应用不仅扩展了信息处理的范围，也极大地促进了科技、商业和医学等领域的发展。随着技术的不断进步，存储器的容量和速度将继续提升，为更广泛的应用场景提供更强大的支持。

（三）工作自动化

计算机内部的操作和运算是通过事先编写的程序进行自动控制的。这种程序化的操作方式使得计算机能够按照人们的需求执行各种任务，而不需要人工干预。在计算机中，程序是一组按照特定顺序排列的指令集合。这些指令告诉计算机执行何种操作，如何处理数据，以及在何种条件下进行判断和跳转。程序是由程序员根据具体任务需求编写的，它可以包含各种算法、逻辑和数据处理步骤。一旦程序编写完成，就可以将其输入计算机执行。计算机会逐条取出程序中的指令，按照指定的顺序执行，直到完成所有操作并得到最终结果。这个过程是高度自动化的，计算机内部的控制单元负责协调和执行指令，而不需要用户不断地干预。程序的输入通常是通过外部设备或存储介质加载到计算机内存中的。一旦程序被加载，计算机就能够开始执行其中的指令。执行过程中，计算机通过运算单元进行数学和逻辑运算，通过存储器进行数据的读取和存储，通过输入输出设备与外部进行交互。这种自动化执行的方式大大提高了计算机的工作效率和灵活性。程序执行的过程可以分为多个阶段，包括译码、执行、访存等步骤。在译码阶段，计算机解释并理解指令的含义。在执行阶段，实际进行指令中规定的操作，如加法、乘法、逻辑运算等。在访存阶段，计算机从内存中读取或写入数据。这些阶段协同工作，完成程序的整体执行过程。

计算机内部的自动化执行不仅使计算速度大幅提升，还使计算机能够应对各种不同的任务需求。在科学研究中，研究人员可以编写模拟程序来模拟物理过程、化学反应等，从而进行科学实验的虚拟测试。在工程领域，工程师可以编写控制程序来实现自动化生产线的操作。在商业应用中，企业可以利用计算机程序进行数据分析、销售预测等业务处理。计算机内部的自动化程序执行是现代计算机应用的基石。它使得计算机能够广泛应用于科学、工程、商业和日常生活的各个领域，为人们提供了强大的工具和技术支持。随着技术的不断发展，计算机程序的编写和执行方式也在不断演进，为更复杂、更智能的应用奠定了基础。

（四）运算精度高

计算机内部采用二进制数进行运算，这一特性赋予了计算机卓越的数值计算精确性。由于计算机可以处理十几位以上的有效数字，甚至能够计算出精确到小数点后数百万位的数值，这种高精度性使得计算机在航空航天、核物理等领域的数值计算中发挥着至关重要的作用。

计算机的高精度性源于其使用二进制数进行运算。在二进制系统中，每一位都只有两个可能的取值，0和1。这简化了电子电路的设计和实现，提高了运算的稳定性和可靠性。通过组合和排列二进制位，计算机可以表示和处理各种复杂的数值，从整数到小数，从正数到负数，无论数值的规模有多大，计算机都能够进行准确的计算。

计算机内部的高精度性使它能够进行极为精确的数值计算。一般计算机可以处理十进制数的十几位有效数字，这意味着在进行加减乘除等基本运算时，计算机能够保持极高的计算精度。这对于科学研究、工程设计和实际生产中的数值计算任务至关重要。以 π 的计算为例，利用计算机可以得到小数点后数百万位的 π 值。这种高精度的计算对于科学计算和数学研究具有重要意义。在天文学中，通过计算 π 值可以更精确地预测行星运动和天体轨迹。在密码学中，高精度的 π 值计算可用于提高加密算法的安全性。在数学研究中，计算 π 值的高精度结果有助于验证数学定理和推导新的数学性质。在航空航天领域，计算机的高精度性对于轨道计算、导航系统和飞行控制等任务至关重要。在核物理研究中，高精度的数值计算用于模拟和分析原子核结构、核反应等复杂的物理过程。计算机的高精度性使科学家们能够更准确地预测实验结果，推动了科学研究的发展。计算机的高精度性也在金融领域、医学研究、气象预测等方面得到了广泛应用。在金融交易中，计算机能够进行高精度的数值计算，确保交易的准确性和可靠性。在医学图像处理中，计算机的高精度计算有助于提高影像分辨率和诊断准确性。在气象学中，计算机通过高精度的数值模拟能够更精确地预测天气变化，提升气象预报的准确性。计算机的高精度性为各个领域的科学研究和工程应用提供了强大的数值计算支持。其在航空航天、核物理、金融、医学等领域的广泛应用，推动了科技的进步和社会的发展。随着计算机技术的不断演进，高精度计算将继续为人类解决更加复杂和挑战性的问题提供重要的工具和手段。

（五）可靠性高、通用性强

现代计算机在可靠性、通用性和多功能性方面取得了显著的进步，这主要归因于采用了大规模集成电路（VLSI）和超大规模集成电路（ULSI）。这种技术创新不仅提高了计算机的性能，还拓展了其应用领域。大规模集成电路和超大规模集成电路的采用显著提高了计算机的可靠性。集成电路技术使得数百万甚至数十亿个晶体管可以集成在一个芯片上，减少了电子元件之间的连接和故障点。这降低了硬件故障的概率，提高了计算机系统的稳定性和可靠性。同时，采用 VLSI 和 ULSI 技术还使得计算机更加紧凑、轻便，适应了不同领域对计算机性能和体积的不同需求。现代计算机的通用性得到了极大的增强。通用性是指计算机不仅可以进行数值计算，还能够应对多种应用领域的需求。大规模集成电路的应用使计算机能够灵活处理各种不同的任务。它们可以用于数据处理、工业控制、辅助设计、辅助制造、办公自动化等各种应用场景。通用性使得计算机不再局限于某一领域，而是成为一个适用多个领域的强大工具。在数据处理方面，计算机能够高效地处理大规模数据，进行排序、过滤、统计等操作，广泛应用于数据库管理、大数据分析等领域。在工业控制中，计算机通过集成各种传感器和执行器，实现对生产过程的精确控制，提高了工业自动化水平。在辅助设计和辅助制造中，计算机在计算机辅助设计（CAD）和计算机辅助制造（CAM）领域的应用促进了产品设计和制造的创新。在办公自动化方面，计算机通过办公软件、电子邮件、文件管理等工具，提高了办公效率和信息管理能力。现代计算机在多功能性方面表现出色，一台计算机可以执行多种不同类型的任务，而不需要更换硬件。通用微处理器和灵活的软件系统使得计算机可以通过加载不同的应用软件来实现不同的功能。这种多功能性使得计算机成为一个适应性强、可扩展的工具，能够满足不同用户和应用场景的需求。现代计算机的可靠性、通用性和多功能性使得它成为科技和工程领域的核心工具。在科学研究中，计算机的多功能性体现在模拟实验、数据分析、仿真等方面。在医学领域，计算机可用于医学影像处理、患者管理、药物研发等多个方面。在教育领域，计算机可以支持在线学习、教学管理、多媒体教育等。在娱乐领域，计算机用于游戏、多媒体娱乐等。

大规模和超大规模集成电路技术的发展为计算机性能的提升提供了坚实的基础，也为其在各个领域的广泛应用打开了大门。计算机不仅在科学研究和工程设计中发挥着巨大作用，还深刻影响了生活的方方面面，推动了社会的进步和发展。随着技术不断演进，我们可以期待计算机在未来继续发挥更大的作用，应对更复杂的挑战。

（六）具有逻辑判断能力

逻辑运算与逻辑判断是计算机基本且至关重要的功能。这些功能赋予了计算机强大的自动化处理和智能处理能力，是计算机作为一种智能工具的基础。

逻辑运算是计算机进行决策和推理的基础。计算机内部采用二进制逻辑，即基于 0 和 1 的逻辑运算，包括与、或、非等基本逻辑运算。通过这些逻辑运算，计算机能够对输入的数据进行处理和判断，根据不同的分支和条件执行。逻辑运算为计算机提供了处理复杂问题和执行多样任务的能力。

逻辑判断能力是指计算机根据特定的逻辑条件对数据进行判断和决策的能力。这种能力使计算机能够根据不同的输入情境采取不同的行动，从而实现灵活的应对。逻辑判断通常通过条件语句、循环结构等实现，使得计算机能够执行复杂的算法和程序。逻辑判断是计算机实现自动化、智能化的基础，使其能够适应不同的任务和环境。逻辑运算和逻辑判断的结合使得计算机能够执行更为复杂的任务。在自动化领域，计算机通过逻辑运算和判断能够自动控制各类设备和系统。例如，工业自动化中的生产线控制，计算机通过逻辑运算判断每个工作步骤的完成情况，并根据需要调整生产流程。在家庭自动化中，智能家居系统通过逻辑判断能够自动调节温度、照明等，提高能效和舒适性。逻辑判断还在人工智能领域发挥了关键作用。机器学习算法通过对大量数据的学习和逻辑判断，使得计算机能够具备识别、分类、预测等智能化的能力。图像识别、语音识别、自然语言处理等领域的发展都依赖于计算机对复杂信息的逻辑判断和处理。

在计算机程序设计中，逻辑运算和逻辑判断被广泛应用。条件语句（if-else 语句）允许程序根据不同的条件执行不同的代码块，循环结构（for 循环、while 循环）使得程序能够重复执行某些逻辑判断的代码，从而实现更为灵活和复杂的算法。这些编程结构使得程序员能够利用逻辑运算和判断来构建各种功能强大的应用程序。在实时系统和嵌入式系统中，逻辑运算和逻辑判断更是必不可少的能力。这些系统通常需要快速而准确地做出决策，逻辑判断的效率直接关系到系统的性能。例如，汽车的防抱死刹车系统（ABS）通过对车轮速度的逻辑判断来实现对制动系统的实时控制，提高驾驶安全性。

逻辑运算和逻辑判断是计算机基本且关键的功能，为计算机赋予了强大的自动化和智能处理能力。它们在自动化、智能领域的广泛应用，推动了科技的发展和社会的进步。未来随着计算机技术的不断演进，逻辑运算和逻辑判断将继续发挥核心作用，为计算机在更多领域实现更高水平的自动化和智能化提供支持。

第二节　计算机系统组成

一、计算机硬件系统

计算机的硬件系统是由五个关键部分组成的，包括运算器、控制器、存储器、输入设备和输出设备。这些组件协同工作，构成了计算机的基本架构，实现了各种复杂的计算和处理任务。

运算器是计算机硬件系统中的一个关键组件，负责执行各种算术和逻辑运算。它能够对数据进行加、减、乘、除等数学运算，同时执行逻辑运算，如与、或、非等。运算器的性能直接影响计算机的计算速度和处理能力。运算器与控制器协同工作，构成了计算机的中央处理器。

控制器是计算机的指挥中心，向其他硬件部件发出控制信号，协调和管理计算机的运行。它解释并执行存储在存储器中的程序指令，确保计算机按照正确的顺序和时序执行各项任务。

存储器用于保存计算机运行过程中所需的数据、程序和运算结果。它分为内存储器和外存储器。内存储器是主存储器，包括随机读写存储器（RAM）和只读存储器（ROM）。RAM可读可写，但数据在停电时会丢失；而ROM只能读取，一般情况下不能写入，停电时数据不会丢失。外存储器是辅助存储器，包括硬盘、光盘和可移动存储设备，它们用于长期存储和备份数据。

输入设备用于将用户输入的各类信息转换为计算机能够识别的二进制代码形式。常见的输入设备包括键盘、鼠标、摄像头、扫描仪、麦克风、手写输入板、游戏手柄等。输入设备是用户与计算机交互的桥梁，允许用户向计算机发送指令和数据。

输出设备将计算机处理后的结果转换成用户能够识别的信息形式。典型的输出设备包括显示器、音箱、打印机和绘图仪等。这些设备使得计算机能够与用户进行双向交流，提供可视化和听觉化的反馈，使用户能够理解和利用计算机的处理结果。

这五个硬件部分共同构成了计算机系统的基本框架。它们的协同工作使得计算机能够执行各种任务，从简单的数学运算到复杂的图形处理和人工智能应用。计算机硬件的不断发展和优化推动了计算机技术的进步，为科学研究、工程设计和日常生活带来了巨大的便利。未来随着技术的不断创新，计算机硬件将继续演进，为更广泛的应用场景提供更强大的支持。

二、计算机软件系统

（一）系统软件

系统软件是一类旨在方便用户使用和管理计算机、支持应用软件的开发和运行的软件，它扩展了计算机的功能，提高了计算机的使用效率。系统软件是应用软件运行的基础，为计算机的正常运行和执行用户任务提供了必要的支持。

操作系统是计算机的"大管家"，是系统软件的核心，它直接在计算机的硬件中运行，控制和管理计算机中所有的软、硬件资源。操作系统的主要功能包括进程管理、内存管理、文件系统管理、设备管理和用户界面。常见的操作系统有Windows、Linux、UNIX等。操作系统为用户提供了友好的界面，使用户能够方便地与计算机交互，并为应用软件提供了必要的支持，实现了计算机资源的高效利用。语言处理程序是为编程服务的软件，其主要功能是编译和解释各种程序语言。程序语言包括机器语言、汇编语言和高级语言。计算机只能识别由"0"和"1"组成的机器语言，而汇编语言和高级语言需要通过语言处理程序进行编译和解释，才能在计算机上运行。编译器将高级语言的源代码转换为机器语言的可执行代码，而解释器则逐行解释源代码并执行。这使程序员能够使用更易读和易理解的高级语言进行软件开发，而语言处理程序将其转换为计算机能够执行的机器语言。

数据库管理系统（DBMS）是用于操作和管理数据库的大型软件。它的功能包括建立、使用和维护数据库，提供了一种结构化的数据存储和管理方式。DBMS支持对数据的高效检索、更新和删除，同时确保数据的一致性和完整性。常见的数据库管理系统有Access、SQL Server、Oracle、DB2等。数据库管理系统在许多应用中起到了关键作用，如企业资源规划（ERP）、客户关系管理

（CRM）、在线交易处理（OLTP）等。这三类系统软件共同构成了计算机体系结构的基础，为计算机提供了高效运行的环境。

操作系统作为核心，管理着计算机的整体资源，语言处理程序为程序员提供了更高层次的抽象，数据库管理系统则实现了数据的有效组织和管理。这些系统软件共同推动了计算机科学和技术的发展，为各种应用场景提供了强大的支持。系统软件的不断创新和演进将继续推动计算机技术的进步，为用户提供更加便捷、高效和安全的计算体验。随着新兴技术的涌现，如云计算、人工智能等，系统软件将升级以继续适应新的需求，发挥关键作用，推动信息技术的不断发展。

（二）应用软件

应用软件是为解决各种实际问题而具有特定功能的软件。根据实际用途一般可分为办公软件、通信软件等。

1. 办公软件

办公软件是一类设计用于进行文字处理、表格制作、幻灯片制作等办公任务的软件。这类软件在商业、学术和日常生活中广泛应用，为用户提供了处理文档和数据的便捷工具。办公软件是为了提高办公效率而设计的应用程序集合。它通常包括文字处理、表格制作、幻灯片制作等功能，旨在满足用户在处理文档、数据和演示材料时的需求。这些软件使得用户能够以更高效的方式创建、编辑、组织和分享各种办公内容。文字处理是办公软件最基本的功能之一。用户可以创建、编辑和格式化文本，进行排版、字体设置、段落调整等操作。这使用户能够轻松地撰写各种文档，包括信件、报告、论文等。表格制作功能允许用户创建和编辑电子表格，进行数据输入、计算和分析。表格软件通常提供丰富的公式和函数，支持自动计算数据和生成图表。这对于数据整理和分析非常有帮助，在财务、统计和科学研究领域的应用更加广泛。幻灯片制作是办公软件中用于创建演示文稿的功能。用户可以设计幻灯片的布局、添加文本、图片、图表和动画效果，以产生生动、具有吸引力的演示。这在演讲、培训和会议中发挥了重要作用。一些办公软件套件还包含数据库管理工具，用于创建和管理数据库。这使用户能够存储、检索和更新大量的结构化数据，适用于项目管理、客户关系管理等领域。

Microsoft Word 是微软 Office 系列中的文字处理软件。它提供了丰富的文本编辑功能、模板和样式，支持多种文档格式的创建和编辑。Microsoft Excel 是微软 Office 系列中的表格制作软件。它具有强大的数据计算和分析功能，支持复杂的公式和图表生成，适用于财务、统计和科学领域。Microsoft PowerPoint 是微软 Office 系列中的幻灯片制作软件。它使用户能够创建专业的演示文稿，包括文本、图形、音频和视频元素。Microsoft Access 是微软 Office 系列中的数据库管理软件。它允许用户创建和管理数据库，进行数据的存储、查询和报表生成。WPS 文字是 WPS Office 系列中的文字处理软件，提供了与 Microsoft Word 类似的功能，包括文本编辑、格式化和模板选择。WPS 表格是 WPS Office 系列中的表格制作软件。它具有类似于 Microsoft Excel 的功能，支持数据处理、计算和图表绘制。WPS 演示是 WPS Office 系列中的幻灯片制作软件，允许用户创建演示文稿，添加多媒体元素和动画效果。

未来，办公软件将继续受到技术创新和用户需求的推动而发展。云计算、协作工具和人工智能的整合将为办公软件带来更多可能性，使得用户能够更加便捷地协作、存储和信息处理。此外，办公软件的界面和用户体验也将不断优化，以适应不同设备和用户习惯的变化。办公软件在提高工作效率、简化任务流程方面发挥着重要作用。微软 Office 系列和 WPS Office 系列作为两个主要的办公软件套件，为用户提供了丰富的功能和工具，助力他们在各种工作场景中取得更好的成果。

2. 通信软件

通信软件是专为处于不同地理位置的用户提供网络通信服务的软件。这类软件极大地便利了人们的信息交流和沟通，涵盖了多种形式的通信方式，包括即时通信和电子邮件。通信软件是一类专门设计用于在网络上进行用户之间的信息传递和交流的软件。它的目标是提供便捷、实时的沟通方式，打破地域限制，使得用户能够随时随地进行文字、语音、图像等多种形式的交流。

即时通信是通信软件最基本的功能之一。用户可以通过软件实时发送和接收文字消息，进行实时对话。即时通信软件通常支持群聊、文件传输、表情符号等功能，为用户提供了多样化的交流方式。通信软件允许用户进行语音通话和视频通话，提供更加直观、更为多样的交流方式。这对于远程工作、远程教育和国际间的交流具有重要意义。通信软件提供了群组功能，用户可以创建或加入不同主题或目的的群组，方便集体讨论、分享信息和协作工作。群组功能促进了团队协作和社交交流。通信软件中的电子邮件功能使用户能够以非实时的方式发送和接收消息。电子邮件通常用于更为正式和长期的通信，支持发送附件，适用于工作文档、合同等的传递。一些通信软件提供桌面分享和远程协作的功能，允许用户共享屏幕、文档或应用程序，实现团队的远程协同工作。

腾讯 QQ 是中国最为流行的即时通信软件之一，具有强大的文字、语音和视频通信功能。它还支持群组聊天、动态分享等社交功能，成为用户在个人和职业生活中常用的工具。微信是一款综合性极强的通信软件，不仅支持即时通信、语音和视频通话，还具有朋友圈、公众号、小程序等多种功能。微信已经成为中国和全球范围内最受欢迎的通信软件之一。钉钉是专为企业通信和协作设计的即时通信软件。它提供了企业内沟通、日程管理、任务协同等功能，适用于团队协作和远程办公。Coremail 是一款企业级电子邮件解决方案，提供高效、稳定的电子邮件服务。它具有邮件收发、日历、联系人等功能，适用于企业内外的邮件通信。Foxmail 是一款简捷易用的电子邮件客户端，支持多账户管理、邮件过滤、加密传输等功能。它适用于个人用户和小型企业。Gmail 是由谷歌提供的电子邮件服务，拥有大容量、智能分类、搜索等强大功能。Gmail 广泛应用于个人和企业，提供了便捷的电子邮件体验。

未来，通信软件将在科技创新的推动下继续更新，以满足用户对更便捷、安全、智能通信的需求。通信软件可能会更加智能化，引入人工智能技术，实现更准确的语音识别、情感分析和智能推荐等功能，提升用户体验。通信软件可能会更好地支持多平台、多设备的协同工作，实现在不同设备上的无缝切换。同时，不同类型的通信服务可能会融合重组，提供更全面的通信解决方案。随着通信数据的不断增多，通信软件将更加注重用户隐私保护和通信安全。加密技术和隐私保护机制将成为通信软件发展的重要方向。通信软件可能会更多地融入增强现实和虚拟现实技术，提供更丰富、沉浸式的通信体验，使用户在交流中感觉更为真实。通信软件在不断创新和发展中，将继续为用户提供更加便捷、多样化的通信方式。从即时通信软件到电子邮件服务，通信软件在促进全球社交、商业合作和信息传递方面发挥着不可替代的作用。随着技术的进步和用户需求的变化，通信软件将不断演进，推动数字社会的发展。

第三节　计算机教学模式

一、传统教学模式

在传统的面对面授课模式中，教师通常通过使用黑板、幻灯片等媒介向学生传授知识。这种教学方法强调教师与学生之间的直接互动，通过口头讲解、演示和解答问题等方式，使学生更好地理解和消化所学内容。然而，随着科技的不断发展，计算机教学模式的出现为传统教学带来了一些新的元素和可能性。在现代的计算机教学模式中，教学过程不再局限于传统的面对面讲授。学生在计算机实验室中进行实际操作，这为他们提供了更广阔的学习空间。特别是在编程、软件开发等实践性学科中，计算机教学模式成为一种非常有效的教学手段。

在传统面对面授课模式中，教师是知识的主要传递者。通过使用黑板或幻灯片等教学媒介，教师可以清晰地向学生展示重要的概念、理论和实践技能。这种模式下，学生可以直接听到教师的解释，通过互动提问来更好地理解课程内容。面对面的交流也使教师能够及时发现学生的困惑并进行解答，增强学生的学习效果。传统模式也存在一些限制。例如，学生可能因为信息过载或者课堂时间有限而难以深入学习某些主题。此外，依赖于口头传授的模式可能不够灵活，不能充分满足不同学生的学习需求。

计算机教学模式引入了现代科技的元素，为学生提供了更加灵活和多样化的学习方式。在计算机实验室中，学生有机会进行实际的操作，尤其是在编程和软件开发领域。这种实践性学习能够加深学生对理论知识的理解，并培养学生独立解决问题的能力。通过计算机教学模式，学生可以利用在线资源、模拟软件等工具进行更深入的学习。这不仅拓宽了学习的广度，还提供了更多的学科选择。学生可以根据自己的兴趣和职业发展方向选择相应的计算机课程，提高学习的针对性。计算机教学模式也有助于培养学生的团队合作和沟通能力。在实践性学习中，学生可能需要与同学一起解决问题，共同完成项目。这种合作方式更贴近实际工作场景，培养了学生团队协作的能力。

传统的面对面授课模式和现代的计算机教学模式各有优势。传统模式强调师生互动和深度理解，而计算机教学模式则注重实践性学习和灵活性。在实际教学中，可以根据具体课程和学科特点灵活运用这两种教学模式，以更好地满足学生的学习需求。

二、在线教育模式

随着互联网的普及和技术的不断发展，学生可以通过远程方式学习计算机课程，这为教育领域带来了革命性的变化。通过在线视频、讨论论坛等方式，学生可以在任何地点、任何时间参与学习，大规模开放在线课程（MOOCs）更是通过网络平台提供了免费或付费的计算机相关课程，使学生能够自主学习。通过互联网，学生能够在弹性的学习环境中远程学习计算机课程。无论是在家、图书馆还是咖啡厅，只要有网络连接，学生都可以轻松地参与在线学习。这种灵活性为那些受时间和地点限制的学生提供了更多选择，使他们能够更好地平衡学业和生活。远程计算机课程通常采用在线视频教学的形式，教师可以通过录制课程视频向学生传授知识。这种方式使学生能够根据自己的学习节奏随时随地学习课程内容，方便复习和强化理解知识点。同时，学生可以通过暂停、回放等功能更好地掌握重要概念。远程计算机课程往往包括在线讨论论坛等形式，学生可以在虚拟空间中与教师和同学进行互动。这种互动促进了学生之间的合作和知识分享，扩大了学习的广度。学生通过参与讨论，可以从不同的角度理解和思考问题，提高问题解决能力。远程计算机课程也支持个性化学习体验。学生可以根据自己的学科兴趣和水平选择适合自己的课程，不再受传统教学方式的时间和空间限制。这种个性化学习使每位学生都能够根据自身需求制订学习计划，提高学习效果。

MOOCs 通过网络平台提供了免费或付费的大规模开放在线课程，形成了全球性的学习社区。学生可以在这个社区中与来自世界各地的学习者互动，分享经验和见解。这种全球化的学习环境为学生提供了更广泛的学科选择和多元文化的学习体验。MOOCs 往往包含实践性学习项目，特别是在计算机领域。通过参与这些项目，学生能够将理论知识应用到实际项目中，提高解决实际问题的能力。这种实践性学习对于计算机相关课程尤为重要，因为它能够培养学生的实际工作技能。通过相关考试的学生通常可以获得相应的认证，这为他们在求职市场上增加了竞争力。一些大型科技公司甚至开始重视 MOOCs 认证，将其视为一种有效的学习证明。这为学生提供了更多的就业机会和职业发展空间。由于计算机技术的发展日新月异，持续学习和不断更新知识对于从业人员尤为重要。MOOCs 为他们提供了灵活的学习机会，他们能够随时随地通过网络平台学习最新的技术和发展趋势。这种持续学习的机会有助于保持竞争力，适应不断变化的行业需求。

通过互联网远程接受计算机课程以及参与大规模开放在线课程，为学生提供了更加便捷、灵活和多元的学习体验。这种学习模式不仅扩展了学生的学科选择，还为他们提供了更广泛的学习资源和机会。随着技术的不断进步，远程计算机教学模式和 MOOCs 将继续在教育领域发挥重要作用，推动教育的创新和发展。

三、混合教学模式

在当今教育领域，传统的面授课程与现代在线学习的结合已经成为一种趋势。这种教学模式充分发挥了传统教学和现代科技的优势，为学生提供了更为灵活和多样化的学习体验。

通过在线视频等方式提前学习基础知识，可以让学生在课前有更多的时间去消化和理解学习内容。传统面授课程通常受到时间的限制，而通过提前学习，学生可以在自己的节奏下深入学习，更好地理解课程内容。传统面授课程中，教师通常需要花费大量时间传授基础知识，而在线学习可以在一定程度上替代这一过程。在线视频等教学资源的使用为学生提供了更为生动和直观的学习体验，学生通过视听的方式更容易吸收知识。学生在课堂上可以更加专注于实践、讨论和问题解答，例如编程实践、项目实战等实践，让学生通过亲身实践来巩固所学知识。同时，课堂上的讨论和问题解答环节也更具深度，因为学生在课前已经有了一定的学习基础。在计算机教学模式下，学生可以通过虚拟实验室、在线编程平台等工具，获得更为丰富的实践经验。学生可以在虚拟环境中进行实际的操作，模拟真实的计算机工作场景，从而更好地掌握实际应用技能。这种模式不仅增强了学生的动手能力，也培养了他们解决实际问题的能力。此外，在线学习方式让学生可以随时随地进行学习，打破了时间和空间的限制，这对于那些有特殊需求或无法参加传统面授课程的学生来说也是一种重要的教育机会。计算机教学模式的灵活性使学习更为个性化，符合不同学生的学习习惯和节奏。

　　将传统面授课程与在线学习相结合，尤其在计算机教学模式下，可以最大限度地发挥各种教学资源的优势，提升学生的学习效果。这种教学模式不仅满足了学生对基础知识的需求，还强调了实践和讨论等高层次学习活动，培养了学生的实际应用能力和解决问题能力。

四、项目驱动教学模式

　　在现代教育体系中，为学生提供参与实际项目的机会已经成为一种重要的教学方法。特别是在计算机教学领域，通过参与实际项目，应用计算机知识解决问题，并强调实践和团队协作，学生能够在真实场景中获取实践经验，培养出色的计算机技能。通过参与实际项目，学生能够将在课堂上学到的理论知识应用到实际场景中。这种实践性的学习方式能够让学生更好地巩固和理解所学内容。例如，在计算机科学领域，学生可以通过参与软件开发项目，真正在实践中编写代码，设计系统架构，解决实际问题，从而更好地理解编程语言、算法和数据结构等方面的知识。

　　强调团队协作是这一教学模式的重要特点之一。在实际项目中，学生通常需要与团队成员协同工作，共同完成项目目标。这种团队协作的经验不仅有助于培养学生的团队合作精神，还能锻炼他们在协同工作中解决问题的能力。完成计算机项目通常需要多方面的技能，例如前端开发、后端开发、数据库设计等，团队成员可以相互补充，形成高效的工作团队。在计算机教学模式下，参与实际项目可以通过模拟真实工作环境来进行，使学生更好地适应未来的职业要求。通过与实际项目相似的工作流程，例如需求分析、设计、开发、测试和部署等，学生可以获取在实际工作中所需的经验和技能。这种模式不仅提高了学生的职业竞争力，也为他们进入职场后更快速地适应工作环境打下了基础。在实际工作环境中应用计算机技能，不仅有助于学生理解知识的实际应用，还能够培养他们解决实际问题的能力。面对真实的项目挑战，学生需要灵活运用所学的计算机技能，找到最佳解决方案。这种实践中解决问题的过程培养了学生的创新思维和实际操作能力，为他们未来的职业生涯奠定了坚实的基础。通过参与实际项目，应用计算机知识解决问题，并强调实践和团队协作的教学模式在计算机教育领域具有重要的意义。这种模式下，学生不仅能在课堂上获得理论知识，更能够在真实场景中锻炼实际技能，培养团队合作精神，为学生的职业发展提供助力。

随着计算机科技的不断发展，这种注重实践和团队协作的教学模式将继续在教育领域中发挥重要作用，为培养高素质计算机专业人才贡献力量。这些教学模式可以单独使用，也可以组合运用，根据学科性质、学生特点和教学目标选择最适合的模式。随着技术的发展，未来可能还会出现更多基于虚拟现实、增强现实等新技术的计算机教学模式。

第四章　人工智能背景下计算机教学中创新能力的培养

第一节　"引导—探究—发展"模式下的计算机教学中创新能力的培养

一、引导模式下的计算机教学中创新能力的培养

在计算机科学教育中，引入有趣、实际应用的问题、案例或项目是一种促使学生积极参与、激发学生兴趣的有效教学策略。这一创新方法不仅能够使学生更好地理解计算机科学的实际应用，还能够培养他们的解决问题能力和创新能力。在引导模式下，教师通过明确学习目标、提供基础知识引导，帮助学生了解将要学习的内容，并为他们进入探究阶段做好准备，使得计算机教学更为有深度和针对性。

引入有趣、实践问题、案例或项目是激发学生兴趣的关键。通过生动有趣、贴近实际的案例，可以让学生更容易将抽象的计算机概念和技能与实际生活联系起来。例如，设计一个涉及学生日常生活的计算机应用场景，如社交媒体分析、智能家居控制等，可以让学生在解决实际问题的过程中更深入地理解计算机科学的应用价值。

明确学习目标是引导模式的重要方面之一。在教学开始之前，清晰而明确地告诉学生他们将会学到什么，为他们建立对学科知识的整体认识。这不仅有助于学生更好地理解学习内容的框架和结构，也使他们在学习过程中能够更加有目标地积累知识。通过设定明确的学习目标，可以增强学生的学习动机，使其更加专

注和投入学习。

提供对基础知识的引导是引导模式的重要一环。在引入有趣问题或项目之前，通过讲解、示范等方式为学生提供必要的基础知识，为他们进入解决实际问题阶段做好准备。这种引导性的教学方法有助于学生避免在实际项目中迷失方向，使他们能够更好地应用所学知识解决问题。通过引导，教师可以起到导航的作用，确保学生在学习过程中走在正确的轨道上。引导模式为学生提供了更加系统和有组织的学习方式。学生在有趣的问题和项目中不仅能够体验计算机科学的实际应用，还能够在明确的目标和基础知识的引导下，更好地理解和掌握相关知识。这种培养方式不仅注重传授学科知识，更关注培养学生的解决问题能力和创新思维能力，为他们未来的职业发展奠定了坚实的基础。

引导模式下是一种有益而有效的教学方法。通过引入有趣的实际问题、案例或项目，明确学习目标，提供对基础知识的引导，教师可以在引导学生学习的同时，培养他们解决问题和创新的能力。这种创新的教学方式不仅使计算机科学更具吸引力，也为学生的全面发展提供了更多的可能性。在未来的计算机教育中，引导模式将继续发挥重要作用，促进学生更好地理解和应用计算机科学。

二、探究模式下的计算机教学中创新能力的培养

在计算机教学中，采用开放性的问题设计，通过探究和实践来解决问题，是一种有力的教学策略。这种探究模式不仅能够培养学生解决问题的能力，还通过团队协作、实际性任务和项目，鼓励学生自主学习，全面培养学生的创新和实践能力。

设计开放性的问题是激发学生思考和解决问题动力的关键。通过提出开放性问题，教师可以引导学生主动思考、独立分析，激发他们对问题的好奇心和求知欲。例如，设计一个需要学生设计和实现一个创新的计算机应用的问题，让他们在实际操作中发现问题、解决问题，培养他们独立思考和创新的能力。

引导学生通过团队协作来分享思考和解决问题的策略，是探究模式的重要环节之一。在现实工作环境中，计算机专业人才通常需要与他人协作，共同解决复杂的问题。通过团队协作，学生能够分享不同的视角和解决问题的方法，培养团队协作和沟通技能。这种协作模式既能提高学生解决问题的效率，又有助于形成

积极的团队文化。

实际性的任务和项目是探究模式下的重要组成部分。通过提供真实、实际的任务和项目，学生能够在实际问题中运用所学的知识，锻炼实践能力。例如，让学生参与一个模拟软件开发项目，从需求分析、设计到编码和测试，学生全程参与实际项目，能更好地理解和应用所学的计算机知识。

在探究模式下，鼓励学生主动寻找、筛选、利用学习资源是培养自主学习能力的有效途径。计算机领域的知识更新迅速，培养学生具备自主学习的能力至关重要。通过引导学生主动获取和利用学习资源，例如在线教程、学术论文、社区讨论等，可以培养他们独立解决问题的能力，提高他们对计算机科学领域的终身学习意识。

探究模式是一种全面发展学生的教学方法。通过设计开放性问题，引导学生团队协作，提供实际性任务和项目，鼓励自主学习，教师可以全面培养学生解决问题、团队协作、实践和自主学习等多方面的能力。这种教学模式有助于学生更好地适应未来的职业要求，成为具备创新和实践能力的计算机专业人才。在未来的计算机教育中，探究模式将继续发挥重要的作用，促进学生在计算机科学领域取得更卓越的成就。

三、发展模式下的计算机教学中创新能力的培养

在计算机教学中，引导学生在探究阶段反思学习经历、总结经验教训及展示项目成果，是培养其计算机创新能力的重要环节。这一发展模式旨在帮助学生形成对知识的深刻理解，提升表达能力和自信心，并根据其兴趣和擅长领域为其提供个性化的发展建议。

引导学生反思探究阶段的学习经历是促使其形成深刻理解的重要步骤。通过反思，学生能够审视自己在项目中的学习过程，总结经验教训，了解自己在解决问题和实践中的成长。这种深层次的反思不仅能够强化所学知识，还能够培养学生对问题更深层次的理解，促使他们形成扎实的知识结构。

要求学生展示项目成果是发展模式下的关键环节之一。通过展示，学生能够向他人展现他们在项目中所取得的成就，不仅培养了他们的表达能力，还能够增强其对自己工作的自信心。这种展示分享的经验也为学生将来在职场中进行技术

沟通和项目汇报提供了宝贵的实践机会。在展示的过程中，教师可以根据学生的表现和成果，提供具体的反馈和个性化的发展建议。这些建议可以基于学生的兴趣和擅长领域，引导他们更深入地学习和研究相关主题。个性化的发展建议有助于激发学生的学习兴趣，使他们更有动力地深入探究，形成更为完善的计算机专业知识体系。

在发展模式下，教师鼓励学生根据个人的兴趣和职业规划，主动寻找和选择进一步的学习资源，进行深入学习和研究。这有助于培养学生的自主学习能力，使其能够不断跟进计算机科学领域的最新进展。同时，教师可以帮学生寻找相关领域的导师或资源，帮助他们更好地规划职业发展路径。

发展模式强调学生的全面发展。通过引导学生反思学习经历、展示项目成果，以及提供个性化的发展建议，这一模式既注重学科知识的深度和广度，又培养了学生的表达能力、自信心和自主学习能力。在未来的计算机教育中，发展模式将继续发挥关键作用，培养更具创新和实践能力的计算机专业人才。

通过"引导—探究—发展"模式，学生在实际的计算机教学过程中能够更好地理解和应用知识，培养自主学习和解决问题的能力，从而更好地适应未来创新型的计算机科学工作。

第二节　网络合作探究式计算机教学中创新能力的培养

一、网络协作平台应用下创新能力的培养

在计算机教学中，利用在线平台创造学生之间的合作环境是一种创新的教学模式。通过使用协作工具、版本控制系统和在线讨论论坛等技术手段，这样的平台能够促进学生的实时合作和信息共享，推动网络合作探究式计算机教学中创新能力的培养。

利用在线平台创造合作环境能够实现学生之间的实时合作。协作工具如Google Docs、Microsoft Teams 等，提供了多人协同编辑的功能，使学生可以同时编辑文档、共同解决问题。这种实时合作方式不仅提高了学生的工作效率，还培

养了他们团队协作和沟通的能力。在计算机领域，团队协作是实际工作中的重要技能，通过在线平台的实时合作，学生能够更好地适应未来的职业要求。

版本控制系统的应用使得学生在合作中更加有序和规范。使用像 Git 这样的版本控制系统，学生可以追踪和管理项目的变化，避免因为多人同时编辑而导致的冲突。这种规范的版本控制不仅有助于项目管理，还培养了学生管理代码和文档的良好习惯。版本控制系统在实际软件开发过程中是一种必备的工具，通过在线平台的应用，学生在掌握技术的同时也培养了专业的实践经验。在线讨论论坛的建立为学生提供了一个开放的交流平台。学生可以在论坛上分享自己的想法、提出问题，与同学互动和交流经验。这种开放性的交流环境有助于拓展学生的视野，激发创新思维。在计算机教学中，由于知识面广泛，通过在线讨论论坛，学生能够更广泛地获取信息，积累经验，培养了解决问题的能力。

这一教学模式下，学生在合作的过程中不仅获取了知识，更培养了创新能力。网络合作强调学生在协同工作中的创新能力，通过不同背景和视角的学生的协作，促使团队在解决问题和实践中形成新的思路和方法。这种创新能力的培养有助于学生更好地适应科技领域的快速变化，提升在未来创新性工作中的竞争力。通过在线平台，学生可以随时随地进行合作和学习，打破了地理和时间的限制。这对于那些有特殊需求或无法在同一地点聚集的学生来说，提供了更加灵活的学习方式。这种灵活性不仅符合学生的个性化学习需求，也促进了学生对计算机科学的深入理解和实践能力的培养。

利用在线平台搭建学生之间的合作环境是一种促进网络合作探究式计算机教学创新能力培养的有效方式。通过应用实时合作、版本控制系统、在线讨论论坛等工具，学生在合作中培养了团队协作、沟通、创新等综合能力。这种教学模式有助于学生更好地适应未来科技领域的职业要求，成为具备全面实践和创新能力的计算机专业人才。

二、跨地域合作下创新能力的培养

在计算机教学中，强调跨地域合作的重要性是一种拓展学生全球化视野和培养创新能力的有效教学模式。

通过引导学生在全球范围内与其他团队协作，通过虚拟协作体验国际化的合作氛围，不仅提升了学生的团队协作和沟通能力，还培养了他们适应跨文化环境的创新能力。具备跨地域合作能力是全球化时代对计算机专业人才的一种新的要求。在当今信息技术高度发展的背景下，计算机专业不再受制于地域，而是涉及全球。因此，培养学生具备跨地域合作的能力成为刻不容缓的任务。通过引导学生与其他团队跨地域协作，可以使他们更好地适应未来职业领域的国际化需求，增强其全球竞争力。通过虚拟协作体验国际化的合作氛围，学生能够拓展跨文化交流的视野。计算机领域的发展通常需要不同文化背景的团队协同工作，这就要求学生具备在多元文化环境中合作的能力。通过虚拟协作，学生可以与来自不同国家和地区的团队成员合作，了解不同文化之间的差异，培养他们的跨文化沟通和协作技能。网络合作探究式下创新能力的培养中，引导学生进行跨地域合作也为他们提供了更广阔的合作空间。通过虚拟协作，学生可以联结全球范围内的专业领域，与国际水平的专业人才共同解决问题、开展项目。这种合作方式不仅拓展了学生的合作伙伴网络，还使他们能够接触到来自不同文化背景的先进技术和理念，促使他们更深入地理解计算机科学的国际化特点。在跨地域合作中，学生需要通过在线协作工具、视频会议等方式进行有效的沟通。这培养了学生更高效的远程工作和团队协作能力。在计算机专业领域，团队成员可能分布在不同的地理位置，能够熟练运用在线协作工具是提高工作效率的关键。通过这种跨地域的协作经历，学生能够更好地适应未来可能的远程工作环境，提高他们在全球市场中的竞争力。跨地域合作还为学生提供了更广泛的项目选择和合作伙伴资源。不同地区可能涌现出各种各样的项目机会，学生可以选择更符合自己兴趣和发展方向的项目进行合作。这种自主选择和灵活的合作方式有助于激发学生的学习热情，使他们掌握更加专业和有深度的计算机知识。

教授跨地域合作的重要性，并通过虚拟协作体验国际化的合作氛围，是一种有益的网络合作探究式计算机教学创新模式。这种模式不仅培养学生的全球化视野，提高他们的团队协作、沟通和跨文化能力，还为他们提供更广泛的合作机会和资源。

三、问题驱动教学模式下创新能力的培养

在计算机教学中引入问题，并让学生在网络环境中进行问题探究和解决，是

一种培养学生实践能力和创新能力的有效教学策略。通过面对实际问题、社会问题，或者学术研究中的未解之谜，学生不仅能够深入理解计算机科学的应用场景，还能够培养解决复杂问题的能力。

引入实际问题能够激发学生的学习兴趣。计算机科学作为一门实践性极强的学科，通过解决实际问题能够更好地引导学生将理论知识应用于实际情境。教师可以选择与工业界、社会实践或科研领域紧密相关的问题，让学生在解决问题的过程中感受到计算机科学的实际应用。例如，可以设计一个与智能交通系统、医疗信息管理等相关的问题，让学生通过计算机技术解决实际生活中的难题。

引入社会问题能够培养学生的社会责任感。计算机科学的发展与社会息息相关，学生在解决社会问题的过程中，既能够提升技术水平，又能够认识到科技与社会的互动关系。例如，学生可以针对社会问题如环境污染、资源分配等，运用计算机技术提出创新性的解决方案。这种社会问题导向的教学方式不仅有助于学生更好地理解计算机科学对社会的影响，还能够培养他们对社会问题的关注和解决问题的责任心。

引入学术研究中的未解之谜能够培养学生的创新思维。学术研究中存在着许多尚未解决的难题，这些问题对于学生来说既是挑战，也是机遇。通过引导学生选择具有挑战性的学术问题，并进行深入研究，可以培养他们的创新能力和科研素养。这种学术研究导向的教学方式有助于激发学生对学术探究的兴趣，培养他们对未知问题的好奇心和解决问题的毅力。

在网络合作探究式计算机教学中，问题的引入可以通过开展团队项目来实现。教师可以组织学生形成跨学科的团队，共同解决一个具有挑战性的问题。团队成员可以根据自身专业领域的优势，共同探讨问题并提出解决方案。这种团队合作的方式不仅培养了学生的团队协作和沟通能力，还促进了不同专业背景学生之间的知识交流。在探究问题的过程中，学生需要通过网络平台进行信息搜索、交流和合作。这锻炼了学生在网络环境下获取信息、沟通合作的技能。学生可以利用在线资源、社交媒体、协作工具等进行实时的交流和合作，从而更好地适应未来可能的远程工作和国际合作环境。

这一教学模式下，学生在探究问题的过程中不仅获取了知识，更培养了创新能力。通过解决实际问题、社会问题，或者学术研究中的未解之谜，学生不仅提升了对计算机科学知识的实际应用能力，还培养了解决问题的能力、社会责任感和创新思维。这种教学方式不仅能更好地满足学生的学科需求，还培养了学生在未来工作和研究中所需的全面素养。

四、导师制度下创新能力的培养

在网络合作探究式计算机教学中设立导师或指导教师是一种有益的教学模式。通过导师的引导，学生可以在网络合作中更好地发现问题、提出解决方案，并及时得到指导和反馈。导师既可以由教师担任，也可以借助行业专家或企业合作伙伴的力量，以全方位地培养学生的创新能力。

设立导师或指导教师有助于学生在网络合作中更有效地发现问题。导师可以根据学生的兴趣和能力，指导他们选择合适的问题进行探究。通过导师的引领，学生可以更有针对性地选择与计算机科学相关、具有挑战性和实际意义的问题。导师能够通过深入了解学生的兴趣和专业方向，为他们规划有针对性的学习路径，激发学生的学习热情和求知欲。

导师在学生提出解决方案的过程中能够提供及时的指导和反馈。学生在网络合作中可能会遇到各种技术和方法上的困难，导师可以通过在线平台、视频会议等方式随时提供帮助。导师的及时指导有助于学生克服困难，更好地理解和应用计算机知识。此外，导师的反馈也能够帮助学生不断改进解决方案，培养他们运用知识和解决问题的能力。

导师的角色可以由教师、行业专家或企业合作伙伴承担。教师作为导师能够通过对学科知识的深入理解，为学生提供更专业的指导。行业专家或企业合作伙伴作为导师则能够提供更实际的行业经验，帮助学生更好地理解实际工作中的需求和挑战。这种多元化的导师团队有助于学生全面发展，使他们更好地适应未来的职业和研究领域。

导师制度还可以促进学生与导师之间的深度交流。通过与导师的交流，学生不仅能够获得学科知识上的指导，还能够从导师的实际工作经验中汲取经验和智慧。这种交流不仅能够加深学生对计算机科学的理解，还能够全面培养他们的职业素养。导师与学生之间的互动也有助于建立良好的师生关系，让学生更积极地参与网络合作。

在导师制度下，学生还可以得到导师的职业发展建议。导师可以根据学生的兴趣和擅长领域，提供个性化的发展建议，引导他们深入学习和研究。导师的职业建议有助于学生明确自己的发展方向，制定更合理的学业和职业规划。这种个性化的发展建议能够帮助学生更好地规划未来，提高他们的职业竞争力。

设立导师或指导教师是一种有益于培养创新能力的教学模式。通过导师的引导，学生可以更好地发现问题、提出解决方案，并得到及时的指导和反馈。导师可以是教师、行业专家或企业合作伙伴，通过不同的导师团队，学生能够获得更全面的指导和培养。

五、跨学科合作下创新能力的培养

将计算机科学与其他学科结合起来，鼓励学生在合作中探究多学科问题，是一种培养学生跨学科思维和创新能力的教学模式。通过让学生在解决问题的过程中涉及多个学科领域，既可以深化他们对计算机科学的理解，也培养了他们解决复杂问题的综合能力。将计算机科学与其他学科结合能够拓展学生的学科视野。计算机科学作为一门综合性强、应用广泛的学科，与许多学科领域有着紧密的联系。

在网络合作探究式计算机教学中，引导学生关注多学科问题，能够让他们更全面地理解计算机科学在不同领域中的应用。例如，可以设计一个涉及计算机科学和生物学、环境科学等多学科知识的问题，让学生通过合作解决跨学科性质的实际问题。跨学科的网络合作有助于培养学生的跨学科思维和综合能力。解决多学科问题需要学生具备综合运用不同学科知识的能力，培养他们在跨学科环境中进行思考和分析的能力。通过网络合作，学生可以与来自不同专业背景的同学合作，共同探究问题，融合各自的专业知识，形成全面的解决方案。这种跨学科的合作方式有助于培养学生的综合素养。跨学科的网络合作激发了学生的创新思维。在解决多学科问题的过程中，学生需要寻找创新性的解决方案，结合不同学科领域的知识进行创新性的思考。这种创新思维的培养有助于学生更好地适应未来不断发展的科技领域，提高他们解决实际问题的创造力。通过多学科的网络合作，学生能够接触到不同领域的前沿知识，激发他们对跨学科研究的兴趣和热情。

在跨学科的网络合作中，学生可以与不同领域的专家进行交流和合作。这种与专业领域专家的合作不仅有助于学生掌握更深入的专业知识，还能够提供解决实际问题的实用性建议。专业领域专家可以为学生提供行业实践经验，指导他们更好地将计算机科学与实际问题相结合。这样的合作方式有助于学生更全面地理解计算机科学的应用领域，为未来的职业发展提供更多可能性。在跨学科的网络合作中，学生还能够体验到多样化的学科文化。不同学科领域有着各自的思维方式、方法论和问题解决途径。通过与其他学科的学生进行合作，学生能够了解不同学科领域的学术文化和思考方式，促使他们更全面地认知和理解复杂问题。这有助于培养学生更具包容性和开放性的思维方式，提高他们解决问题的综合能力。

将计算机科学与其他学科结合起来，鼓励学生在网络合作中探究多学科问题，是一种促进学生跨学科思维和创新的有效教学模式。通过探究多学科问题，学生能够更全面地理解计算机科学的应用领域，培养跨学科的思维方式和综合能力。这种教学模式有助于学生更好地适应未来科技领域的发展，成为具备全面素养的计算机专业人才。通过网络合作探究式计算机教学，学生可以在实际项目中运用知识、与他人合作、解决问题，从而培养创新思维和实际应用能力。

第三节　研究性学习在计算机教学中的实践

一、研究性学习的内涵

研究性学习是一种注重学生主动参与研究过程、培养独立思考和解决问题能力的教学方法。传统的教育模式强调教师对知识的传授，而研究性学习则倡导学生在学习过程中成为知识的创造者和应用者。这种学习方式不仅有助于学生深入理解学科知识，更能培养其创新精神、批判性思维和团队协作能力。

研究性学习注重培养学生主动学习的能力。传统的教学模式通常是教师为主导的，而研究性学习强调学生的主动参与和自主学习。在这种学习方式下，学生被激发出发自内心的求知欲望，通过主动提出问题、查阅资料、设计实验、进行数据分析等环节，建立起对知识的深刻理解。学生不再被动地接受知识，而是通过积极的探究过程构建自己的学科认知体系，培养了解问题、解决问题的主动学习态度。

研究性学习有助于培养学生的批判性思维和创新能力。通过参与研究性学习，学生需要深入思考问题，分析问题的多个方面，提出合理的解决方案。这不仅要求学生具备批判性思维，还激发了他们的创新潜能。在研究性学习的过程中，学生可能会面临复杂的问题和挑战，需要通过创新性的思考和方法来解决。这种锻炼使得学生在面对未知情境时更具有适应性和创造性，为其未来职业和学术发展奠定坚实基础。

研究性学习有助于培养学生的团队协作能力。在研究性学习中，学生往往需要与同学合作，共同完成研究项目。这种合作不仅促进了学科知识的交流和共享，还培养了学生的团队协作能力和沟通技能。学生学会倾听他人观点、有效沟通自己的想法，共同努力解决问题。团队协作的经验不仅对于学生在学术上的成长有益，更是为其将来融入社会和职场提供了宝贵的实践经验。

研究性学习有助于打破学科间的壁垒，培养跨学科的综合素养。传统的学科划分往往使学生只关注特定学科领域的知识，而研究性学习往往涉及跨学科的问题和方法。学生在参与研究性学习时，可能需要整合不同学科的知识和技能，从而培养了他们的跨学科思维和综合素养。这种能力对于解决复杂问题、应对多元挑战至关重要，也符合当今社会对于综合素养人才的需求。

在实施研究性学习时，教师起着至关重要的角色。首先，教师需要激发学生的学习兴趣，引导他们主动提出问题、制定研究方向，激发学生的好奇心和求知欲，使他们能够积极参与研究性学习的过程。其次，为了保证研究性学习的顺利进行，教师需要提供足够的学术支持和资源。这包括为学生提供必要的研究工具、图书馆资源、实验设备等。同时，教师也要具备足够的学科知识，能够指导学生在研究中克服困难，确保研究的科学性和深度。再次，教师还要注重在研究性学习中培养学生的应用科研方法的能力和技能。这包括文献检索、实验设计、数据分析等方面的技能。通过系统地培训和指导，学生可以逐步掌握科学研究的基本方法，提高研究水平和学科素养。最后，在实际实施中，研究性学习也可以结合现代技术手段，借助人工智能、虚拟实验平台等工具，拓展学生的研究领域和方法。这样的创新教学方式能够更好地满足学生对于灵活、多样化学习方式的需求，提高研究性学习的效果和吸引力。

研究性学习作为一种强调学生主动参与研究过程的教学方法，对于培养学生的自主学习能力、批判性思维、创新潜能及团队协作等综合素养具有积极作用。通过将学生从传统的知识接受者转变为知识的创造者和应用者，研究性学习有望成为培养具备全面素养的人才的有效途径。在未来的教育实践中，应推动研究性学习深入发展，以不断提升学生的综合素质和应对未来社会挑战的能力。

二、研究性学习在计算机教学中的实践路径

（一）项目驱动的学习（PBL）

项目驱动的学习方法是一种强调通过完成实际项目来学习知识和技能的教学模式。在计算机科学和编程领域，这种教学方法具有重要的意义。通过让学生直接参与项目，解决真实的问题或应用场景，项目驱动的学习不仅使学生能够更深入地理解计算机科学的概念，还培养了他们的实践能力、团队协作能力和解决问题能力。

项目驱动的学习为学生提供了一个更贴近实际应用的学习环境。通过参与项目，学生不再仅在课堂上接受抽象的理论知识，而是直接应用所学的知识解决实际问题。这种实践性的学习方式使学生更容易理解和记忆相关概念，因为他们能够将知识直接应用于实际场景中，形成更为深刻的认知。例如，在编程项目中，学生需要解决具体的编程难题，设计并实现功能，从而更好地理解编程语言和算法原理。

项目驱动的学习培养了学生的实践能力和职业素养。在计算机科学领域，理论知识与实际应用密切相关，而通过项目驱动的学习，学生能够更好地掌握实际工作中所需的技能。他们需要面对真实的问题，考虑项目的整体架构、用户需求、性能优化等方面的因素。这种实践性的学习过程不仅有助于学生更好地适应未来的工作环境，还培养了他们的创新能力和解决问题的能力，提高了他们的职

业素养。在项目驱动的学习中，学生通常需要组成小组协作完成任务。这培养了学生的团队协作能力和沟通技能。在现实工作中，计算机专业的从业者往往需要与多个团队成员协同工作，解决复杂的问题。通过参与项目，学生学会了如何有效地与团队成员分工合作、共同推动项目的进展。这种团队协作的经验对于培养学生的团队合作精神、领导力和沟通技能都具有积极的影响。

项目驱动的学习也有助于培养学生的独立思考和自主学习的能力。在项目中，学生往往需要自己探索问题、查阅资料、学习新的知识。这种自主学习的过程激发了学生的学习兴趣和求知欲望，使其成为主动学习者。学生在独立解决问题的过程中，逐渐培养了独立思考的能力，更好地适应了未来在计算机领域中需要不断学习和更新知识的现实。

与研究性学习相比，项目驱动的学习方法强调学生在解决实际问题时的实际应用。虽然两者都注重学生的主动参与和实践，但项目驱动的学习更强调解决问题的实际过程，涉及具体的工程实践和应用场景。在计算机科学和编程领域，这种实际应用更符合学生未来在工作中所面对的挑战，能够更好地培养他们在实际项目中的工程实践经验。

在实际实施中，教师需要精心设计和组织项目，确保其既符合教学目标，又具有足够的挑战性。项目的选择应涵盖课程的重要概念和技能，并能够引导学生进行深入的思考和实际操作。此外，教师还需要提供必要的指导和支持，确保学生能够在项目中顺利学习，并从中获得实际经验。项目驱动的学习方法在计算机教学中的实践也可以借助现代技术得到更好的应用。虚拟实验室、在线协作平台、版本控制系统等工具都可以帮助学生更好地进行项目开发和团队合作。此外，引入人工智能技术可以为项目提供更智能的辅助和评估，使学生在实践中得到更有针对性的指导。

项目驱动的学习方法为计算机科学和编程领域的教学带来了新的思路和实践方式。通过让学生直接参与项目，解决真实的问题，这种学习方法不仅加深了学生对计算机科学概念的理解，更培养了他们的实践能力、团队协作能力和解决问题能力。与研究性学习相结合，项目驱动的学习方法将学生引入实际应用领域，更好地迎接未来工作和创新挑战。

（二）开放性问题和研究主题

学生自主选择或教师指定开放性问题或研究主题是一种促使学生深入研究、激发兴趣和培养创造性思维的教学方法。在计算机科学教育中，这种研究性学习的方式不仅有助于学生深入理解计算机科学领域的各个方面，还培养了他们的解决问题能力、创新潜力和自主学习的能力。提供学生自主选择或教师指定的开放性问题或研究主题能够激发学生的学科兴趣。计算机科学是一个广泛而复杂的领域，包含着众多的研究方向和应用领域。通过让学生自主选择感兴趣的问题或教师指定富有挑战性的研究主题，可以调动学生的主动学习积极性，使他们在学习过程中找到动力。学生能够追求自己感兴趣的方向，从而更深入地学习相关知识，形成对计算机科学领域的深刻理解。

开放性问题或研究主题的选择能够培养学生的问题解决能力。在计算机科学中，很多问题都是开放性的，需要学生通过深入研究和创新性的思考来解决。这种实践性的学习过程锻炼了学生面对未知问题时分析和解决问题的能力。学生不仅需要熟练掌握相关知识，还需要灵活运用这些知识来解决实际问题，这有助于培养他们的实践能力和创新思维。

学生自主选择或教师指定的开放性问题或研究主题有助于培养学生的创新潜力。计算机科学是一个快速发展的领域，创新是推动行业进步的关键因素之一。通过参与开放性研究，学生有机会提出新的问题、探索新的方向，并最终做出一些创新性的贡献。这种创新经历不仅有助于学生提高学术水平，更培养了他们在未来职业中独立思考和创新的能力。与研究性学习方法结合，学生在自行选择或指定的开放性问题或研究主题上进行深入研究，可以更好地理解研究性学习的核心理念。研究性学习强调学生在解决问题的过程中主动参与，通过实践来深化对知识的理解。

提出开放性问题或研究主题，是研究性学习的一种具体实践方式。学生在这个过程中不仅需要学习相关知识，还需要运用所学知识来解决实际问题，同时培养提出问题和解决问题的能力。

在实际实施中，教师需要精心设计和选择开放性问题或研究主题，确保其与课程目标和学科发展方向相契合。教师可以通过在课程中引入实际案例、行业问题或前沿研究领域，激发学生的兴趣。同时，教师需要提供足够的指导和支持，确保学生能够顺利进行研究，并从中获得实际经验。为了更好地促进学生在计算机科学领域的深度学习和创新思考，教师可以借助现代技术手段，如在线资源、虚拟实验室、协作平台等。这些工具可以为学生提供更广泛的学科资源和协作机会，增强其在开放性问题或研究主题上的实际操作和实践经验。

学生自主选择或教师指定的开放性问题或研究主题在计算机教学中的实践是一种促进深度学习和培养创新思维的有效途径。通过这种方式，学生能够更深入地理解计算机科学的各个领域，增强实践能力、团队协作和问题解决能力。结合研究性学习方法，教师可以更好地引导学生在实际问题中进行深入研究，为其未来在计算机科学领域的发展奠定坚实基础。

（三）实际应用的开发项目

在计算机教学中，让学生参与实际应用的开发项目是一种高效的教学方法。通过这样的实践性活动，学生不仅能够提升编程技能，还能够锻炼解决实际问题的能力。这种教学方式使学生直接参与真实的开发项目，从而更好地理解编程语言、工具和实际项目管理，培养创新思维和团队协作能力。让学生参与实际应用的开发项目可以极大地提升他们的编程能力。在实际项目中，学生需要运用所学的编程语言和技术，设计和实现各种功能。这种实际操作使得他们能够更深入地理解语法、算法和数据结构等编程基础知识。与传统的课堂教学相比，实际应用项目更加贴近实际开发需求，为学生提供了更为实用的编程经验。

实际应用的开发项目培养了学生解决实际问题的能力。在项目中，学生面临各种挑战和需求，需要通过分析问题、制定解决方案，并付诸实践来解决。这种解决问题的过程培养了学生的逻辑思维和创新能力。他们不仅需要理解问题的本质，还需要找到最有效的解决方案。这样的能力在学生未来从事计算机相关职业时将发挥重要作用。

实际应用的开发项目有助于培养学生的团队协作能力。在真实的项目中，很少有由个人完成的项目，通常需要整个团队的协同合作。学生参与项目开发时，需要与同学合作，共同推动项目的落地。这种团队协作的经验对于学生未来进入工作场所后更好地融入团队和提高工作效率有着积极的影响。

与研究性学习方法结合，学生在参与实际应用开发项目时，可以更好地体现研究性学习的核心理念。研究性学习注重学生的主动参与和实践，在实际项目中，学生需要主动探索问题、查找解决方案，并不断调整和改进。这种学习方式更加贴近真实的工作场景，培养学生的学科研究能力和自主学习的习惯。

在实践中，教师可以通过设计有挑战性的项目任务，激发学生的学习兴趣和动力。这些项目包括创建应用程序、网站、软件工具等，以满足不同层次学生的需求。在项目的设计中，教师可以融入一些具有研究性质的问题，引导学生深入思考并尝试创新性的解决方案。通过这样的设计，教师可以促使学生在实际应用中深入学习，提高他们的编程水平和解决问题的能力。

在实际项目中，研究性学习方法可以通过引导学生提出深入的问题、进行系统性的调研、分析实验结果等方式得到体现。例如，在开发一个新的应用程序时，教师可以鼓励学生提出一些关键性的问题，学生通过查阅文献、调研市场等方式进行深入分析，为项目的顺利进行提供理论支持。这样的实践过程既锻炼了学生的实际应用能力，又培养了他们的研究性学习态度。

借助现代技术手段，如版本控制系统、在线协作平台等工具，可以更好地支持学生在实际应用开发项目中的合作与交流。这些工具不仅提高了团队协作的效率，还为教师提供了更方便的管理和指导手段。同时，引入人工智能技术可以为项目提供更智能的辅助和评估，使学生在实践中得到更有针对性的指导。

让学生参与实际应用的开发项目是一种推动计算机教学创新的有效途径。通过实践性活动，学生不仅提升了编程技能，还锻炼了解决实际问题的能力，培养了团队协作和创新思维。结合研究性学习方法，教师可以更好地引导学生在实际项目中进行深入研究，培养其学科研究和解决实际问题的能力。

（四）实验室和研究实践

设计计算机实验室或研究实践课程是一种促使学生在实验室环境中进行计算机科学研究的有效教学方法。通过这样的实践性活动，学生能够在模拟真实工作场景的环境中进行研究性学习，探索新技术和方法。这种教学方式不仅培养了学生的实践能力和解决问题的能力，还促进了他们的创新思维和科学研究兴趣。设计计算机实验室或研究实践课程能够为学生提供一个模拟真实工作环境的学习场景。在实验室环境中，学生可以通过亲自动手完成实验和项目，应用所学的理论知识，熟悉计算机科学的各个领域。这种实践性学习使学生更好地理解和应用所学概念，培养了他们在实际工作中的适应能力。

计算机实验室或研究实践课程有助于学生探索新技术和方法。计算机科学是一个不断发展和创新的领域，新的技术和方法不断涌现。通过参与实验室项目或研究实践，学生有机会接触最新的技术趋势，了解行业的最新动态，并在实践中应用和验证新的方法。这种学习方式使得学生更具前瞻性，为未来科技发展做好准备。

设计计算机实验室或研究实践课程有助于培养学生的研究性学习态度。在实验室环境中，学生需要通过调研、实验设计、数据分析等一系列科研活动，这培养了他们的研究能力和学科素养。这种研究性学习的过程不仅强化了学生对知识的深入理解，还促使他们主动思考和探索解决问题的方法。

与研究性学习方法结合，设计计算机实验室或研究实践课程可以更好地引导学生在实验室环境中进行深入研究。研究性学习注重学生的主动参与和实践，学生在实验室中既可以进行课程规定的实验项目，又可以选择自己感兴趣的研究方向进行深入研究。这种结合方式不仅保持了实践性学习的特点，还更好地满足了学生个性化学习的需求。

在实践中，教师可以通过设计开放性实验项目，鼓励学生自主选择研究方向，提出问题，并通过实验和分析解决问题。这种开放性的设计激发了学生的主动性和创造性，培养了他们独立思考和解决问题的能力。同时，教师需要提供足够的指导和支持，确保学生在实验室环境中能够顺利学习，并从中获得实际经验。在计算机实验室或研究实践课程中，教师还可以通过组织学术讲座、行业交流等形式，引入前沿科研成果和实际应用案例，拓宽学生的视野。这有助于激发学生对计算机科学的兴趣，引导他们更深入地思考和探索。

借助现代技术手段，如虚拟实验室、在线实验平台等工具，可以扩大学生的实验范围，提供更丰富的实验资源。虚拟实验室不仅能够弥补实验设备的限制，还能够为学生提供更灵活、可重复的实验体验。同时，引入人工智能技术，可以为学生的实验设计和数据分析提供更智能的辅助，提高实验效率和质量。

　　设计计算机实验室或研究实践课程是促使学生深入研究计算机科学的一种重要教学方式。通过这样的实践性活动，学生可以在模拟真实工作环境中进行科研实践，培养实践和解决问题的能力，促进创新思维、培养科学研究兴趣。结合研究性学习方法，教师可以更好地引导学生在实验室环境中进行深入研究，培养其研究性学习态度和科研素养。

第五章 人工智能促进计算机教学变革

第一节 人工智能促进计算机教学变革的基本原理

一、人工智能推动计算机教学理念变革的基本原理

（一）自适应性教育

AI 系统在教育领域的应用引发了一场教学方式的革命，其中自适应性教育是其中的重要组成部分。自适应性教育通过实时监测学生的学习进展，根据其表现调整教学内容和难度，从而为每个学生提供个性化的学习体验。

在计算机教学中，人工智能推动计算机教学理念的变革的基本原理之一就是通过自适应性教育实现更有效的教学。自适应性教育的基本原理在于个性化学习。传统的教学模式通常是一刀切的，无法满足每个学生差异化的需求。而自适应性教育通过 AI 系统实时监测学生的学习进展，精准地识别每个学生的优势和难点。根据学生的实际表现，系统能够调整教学内容和难度，使学生在适当的水平上感受到学习的挑战，同时提供支持以克服困难。这种个性化学习的理念在计算机教学中尤为重要，因为学生在计算机科学领域的兴趣、知识水平和学习节奏差异较大。

自适应性教育依赖于大数据和机器学习的支持。AI 系统通过收集和分析学生的学习数据，能够建立起针对每个学生的学习模型。这些模型包括学生的学科偏好、学习风格、掌握程度等多个方面的信息。通过机器学习算法，系统能够不断优化这些模型，提高对学生需求建模的准确性。在计算机教学中，这意味着系

统可以更好地理解学生对编程、算法等方面的理解程度，以便更精准地调整教学内容。

自适应性教育强调实时反馈。在传统教学中，学生通常需要通过考试或测验的结果得知自己的学习成绩，无法及时了解自己在学习过程中的问题。而自适应性教育通过 AI 系统提供实时反馈，让学生及时了解自己的学习进展，知道哪些方面需要加强，从而更好地调整学习策略。在计算机教学中，这种实时反馈特别有助于学生在编程、算法实践等方面进行及时调整和改进。

自适应性教育鼓励学生自主学习。通过 AI 系统设计的个性化学习路径，学生可以更自主地选择学习内容和节奏。系统为学生提供了更多的选择，让他们自发参与学习活动，培养了自主学习的习惯。在计算机教学中，这意味着学生可以更灵活地选择学习编程语言、开发工具等方面的知识，更好地满足个体差异。

在计算机教学中，自适应性教育的应用为学生提供了更加个性化、灵活和高效的学习体验。然而，这也带来了一些挑战和问题。首先，需要解决大数据和隐私保护的问题，确保学生的个人信息得到妥善处理。其次，需要不断优化和更新机器学习算法，以提高对学生学习需求建模的准确性和精准度。同时，教师需要接受新的教学理念，培养与 AI 系统协同工作的能力，从而更好地发挥教师的作用。在实际实施中，教师可以通过引入自适应性教育系统，为学生提供更个性化的学习路径。教师可以结合学科特点，设计不同层次和难度的学习任务，让学生根据自己的实际水平选择。同时，教师需要密切关注系统的反馈和学生的学习状态，及时调整教学策略，确保学生在个性化学习中能够取得更好的效果。

人工智能推动计算机教学理念的变革的基本原理之一就是自适应性教育。通过实时监测学生的学习进展、个性化学习路径、大数据和机器学习的支持，自适应性教育为计算机教学带来了更大的灵活性、高效性和个性化。

（二）互动式学习环境

人工智能技术在计算机教学中的应用不限于自适应性教育，还包括创造更为互动和沉浸式的学习环境。利用人工智能技术创建虚拟实验、模拟场景和教育游戏，可以为学生提供更丰富、生动的学习体验。这一创新不仅激发了学生的学习兴趣，也推动了计算机教学理念的变革。

人工智能在创造互动学习环境中发挥了重要作用。传统的计算机教学往往是单向的信息传递，学生通过接受教师或教材提供的信息进行学习。而利用人工智能技术，教师可以设计互动性更强的学习环境。虚拟实验、模拟场景和教育游戏等形式，使学生能够沉浸式地学习，通过实际操作和互动来深化对知识的理解。这种互动性的学习环境能够激发学生的主动学习意愿，提高学习效果。

虚拟实验是人工智能在计算机教学中的重要应用之一。通过虚拟实验，学生可以在模拟的实验环境中进行实际操作，而无须使用实际实验设备。这种虚拟实验技术通过人工智能模拟实验场景，使学生能够在安全、可控的环境中进行实验，提高实验的灵活性和可重复性。在计算机科学领域，虚拟实验尤其重要，因为学生可以通过编程、算法模拟等方式进行虚拟实验，加深对计算机原理的理解。

模拟场景的应用也是人工智能在创造沉浸式学习环境中的关键。运用人工智能技术可以模拟各种实际场景，如操作系统的运行、网络通信过程等。学生在这些模拟场景中能够获得真实感十足的操作体验，增强对实际工作环境的了解。在计算机教学中，这种沉浸式学习环境有助于培养学生解决实际问题的能力，提高其应用知识的能力。

教育游戏是人工智能在计算机教学中的又一创新应用。通过引入游戏元素，教师可以设计有趣而富有挑战性的教育游戏，使学生在娱乐中获得知识。运用人工智能技术可以根据学生的表现调整游戏难度，保持学生的学习动力。教育游戏可以涵盖编程、算法、数据结构等多个方面，使学生在轻松愉快的氛围中学到更多计算机科学知识。

在创造互动和沉浸式学习环境的过程中，应用人工智能技术的一个重要原理是机器学习。通过对学生的学习行为进行分析，系统可以逐渐理解学生的学习风格、兴趣和水平，从而个性化地调整学习内容和难度。机器学习算法的应用使这些学习环境能够适应不同学生的需求，真正做到个性化学习。

人工智能在创造互动和沉浸式学习环境中还可以结合虚拟现实和增强现实等技术。通过虚拟现实技术，学生可以置身于虚拟世界，与计算机科学相关的场景进行互动。增强现实技术则可以在真实环境中叠加虚拟信息，提供更为沉浸式的学习体验。这些技术的应用丰富了学生的感官体验，使学习更加生动和有趣。在实际应用中，教师可以通过选择合适的人工智能工具和平台，设计符合课程特点和学生需求的互动和沉浸式学习环境。可以结合具体的计算机教学内容，选择虚拟实验、模拟场景或教育游戏等形式。通过引入机器学习算法，可以实现个性化学习路径的设计。此外，教师还可以与技术专业人员合作，利用虚拟现实、增强现实等新兴技术，打造更为先进和引人入胜的学习体验。

人工智能推动计算机教学理念变革的基本原理之一就是通过创造互动和沉浸式的学习体验，激发学生的学习兴趣。未来，随着人工智能技术的不断发展，教师可以不断创新应用这些技术，为学生提供更为丰富、有趣和高效的计算机教学体验。

（三）自动评估和反馈

人工智能的自动评估能力在计算机教学中的应用，为教育领域带来了革命性的变化。通过自动评估，人工智能系统能够快速而准确地评估学生的作业、测验和项目，并提供即时反馈。这一创新不仅在提高教学效率上有显著优势，还使学生能够更快速地了解自己的表现，及时改进。

自动评估通过人工智能技术实现了教育资源的智能化利用。在传统教学中，教师需要花费大量时间来批改学生的作业、测验和项目，这限制了教学效率。而通过人工智能的自动评估，教师能够将重复性、机械性的评估任务交由系统完成，从而解放了更多时间，使其能够更专注于与学生的互动、讲解和指导。这种智能化利用教育资源的方式促进了计算机教学理念的变革，使教学更加灵活高效。

人工智能的自动评估强调了即时反馈的重要性。传统的评估方式下，通常需要等到教师完成批改后，学生才能得知自己的成绩和表现。而自动评估通过人工智能系统的实时性，使得学生能够在提交作业、完成测验或项目后立即得到反馈。这种即时反馈有助于学生及时了解自己的优势和不足，更好地调整学习策略，提高学习效果。在计算机教学中，即时反馈对于编程、算法等方面的学习尤为重要，因为学生能够迅速了解代码的正确性和效率。

自动评估的准确性是人工智能在计算机教学中的一大优势。人工智能系统通过机器学习算法，能够逐渐学习和理解学生的学习行为，建立起对学生学科水平、知识理解等方面的模型。通过这些模型，系统能够进行准确而全面的评估，不仅包括答案的正确性，还涵盖了解题思路、解决问题的方法等多个维度。在计算机教学中，这种准确性尤为重要，因为计算机科学涉及多个层面的知识，需要全面的评估来确保学生的全面发展。

自动评估的个性化特点是人工智能应用于计算机教学的重要优势之一。人工智能系统可以根据学生的学科偏好、学习风格等个体差异，个性化地调整评估标准和反馈内容。这种个性化评估有助于激发学生的兴趣，提高他们自主学习计算机科学的意愿。在计算机教学中，个性化评估也可以根据学生的编程风格、算法思维等方面进行差异化反馈，更好地满足学生个体差异。

除了自动评估学生的作业和测验，人工智能还能够在项目评估中发挥作用。在计算机科学领域，学生通常需要完成一系列项目，如软件开发、算法设计等。通过人工智能的自动评估，系统能够全面地分析项目的完成情况，包括代码质量、功能完整性、创新性等方面。这种项目评估方式使得教师能够更全面地了解学生在实际项目中的表现，为学生提供更具针对性的指导和反馈。

在实际应用中，教师可以通过选择合适的自动评估工具和平台，将其嵌入计算机教学的各个环节。教师可以结合具体的课程内容和学科特点，选择适用于编程、算法、数据库设计等方面的自动评估系统。在使用过程中，教师需要密切关注系统的准确性和可靠性，确保评估结果符合实际学生表现。此外，教师还可以引导学生充分利用即时反馈，通过分析评估结果，自主调整和改进学习方式。

人工智能推动计算机教学理念变革的基本原理之一就是通过自动评估提高教学效率和学习效果。自动评估节省了教师的时间，使学生能够更迅速地了解自己的表现并及时改进。未来，随着人工智能技术的不断发展，自动评估将为教育领域带来更多创新和变革。

（四）教学过程的优化

人工智能在教育领域的应用不仅包括自适应性教育和自动评估，还包括对大量教学数据的分析，以帮助教师了解教学效果和学生学习过程。通过 AI 系统对教学数据的深度分析，教师能够更全面地了解学生的学科偏好、学习风格、知识理解水平等多个方面，从而进行更有针对性的教学过程优化。

人工智能通过对大量教学数据的分析实现了个性化学习路径的设计。教学数据中蕴含着学生的学科偏好、学习节奏、知识理解程度等信息。通过机器学习算法，人工智能系统能够建立学生的学习模型，进而预测学生对不同知识点的掌握程度。基于这些信息，系统可以为每个学生量身定制个性化的学习路径，使其更加高效地学习。在计算机教学中，这种个性化学习路径的设计尤为重要，因为计算机科学领域的知识点通常有一定的先后关系，个性化路径能够更好地满足学生的学科需求。

教学数据分析可以帮助教师更深入地了解学生学习过程中的难点和瓶颈。通过监测学生在学习中的表现，AI 系统可以识别出学生普遍容易出现问题的知识点或难题。教师可以根据这些数据，有针对性地调整教学策略，设计更有效的教学方法，帮助学生克服学习中的困难。在计算机教学中，这种数据分析有助于教师更好地理解学生在编程、算法设计等方面的学习难点，从而更有针对性地进行教学。教学数据分析还可以用于评估教学效果。通过对学生学习过程和成绩的数据分析，教师可以全面了解教学的实际效果，识别出教学的亮点和需要改进的地方。这种及时的教学效果反馈有助于教师不断优化自己的教学方法，提高教学质量。在计算机教学中，这种数据分析可以包括学生编程作业的代码质量、项目完成情况等多个方面，为教师提供更全面的教学评估。

人工智能系统通过对教学数据的分析可以发现学生的学科兴趣和潜在天赋。通过对学生在不同知识领域的学习轨迹和表现进行分析，系统可以发现学生的兴趣点和潜在的学科优势。这有助于教师更好地引导学生选择适合自己兴趣和天赋的学科方向。在计算机教学中，这意味着系统可以帮助教师发现学生在编程、网络安全、人工智能等方面的潜在天赋，从而更有针对性地培养学生的专业技能。

教学数据分析还可以用于优化教材设计。通过分析学生在学习过程中的反馈和反应，系统可以识别出教材中可能存在的问题或不足之处。教师可以根据这些数据进行教材的调整和优化，以更好地满足学生的学科需求。在计算机教学中，这种优化教材设计的方式可以体现在编程案例的选择、算法示例的呈现等方面，提高教材的实用性和学习效果。在实际应用中，教师可以选择适用于自己教学需求的人工智能教育平台，以便更好地进行教学数据分析。这些平台通常提供了丰富的数据收集和分析工具，帮助教师更好地了解学生的学习情况。同时，教师需要具备一定的数据分析能力，能够理解和运用分析结果，从而更有效地优化教学过程。

人工智能通过对大量教学数据的分析推动了计算机教学理念的变革。通过个性化学习路径设计、难点分析、教学效果评估、兴趣和天赋发现及教材设计优化等方面的应用，教师能够更全面、深入地了解学生和教学过程，从而提高教学效果，满足学生的个体需求，推动计算机教学不断迈向更加灵活、高效和创新的未来。人工智能推动了计算机教学理念的演变，使之更加注重个性化、互动性、实践性和跨学科整合，为学生提供了更为丰富和适应性强的学习体验。

二、人工智能促进计算机教学内容变革的基本原理

（一）新的教学内容设计

人工智能的快速发展不仅改变了技术领域，还对计算机教学内容设计产生了深远的影响。在新的教学环境中，人工智能推动了教师对课程内容的重新思考，使之更贴近实际应用和行业需求。通过整合最新的技术趋势、工具和编程语言，教师能够确保学生学到的内容更具现实价值。

人工智能促进了计算机教学内容的更新和优化。随着人工智能技术的不断演进，教师需要及时了解最新的技术趋势、工具和编程语言，以确保教学内容与行业保持同步。人工智能在计算机科学领域的广泛应用，如机器学习、深度学习、自然语言处理等，为教师提供了更多丰富的教学内容选择。更新的教学内容能够更好地满足学生的学科需求，使其掌握最新的计算机科学知识。

人工智能的应用使计算机教学内容更加贴近实际应用场景。教师可以引入实际项目案例，使学生置身于真实的问题解决环境中。通过模拟实际应用场景，学生能够更深入地理解所学知识，并在实际项目中运用所学技能。这种贴近实际应用的设计方式使计算机教学内容更具实用性和可操作性，有助于学生更好地应对未来的职业挑战。

人工智能推动了计算机教学内容向跨学科领域拓展。随着人工智能在各行各业的广泛应用，计算机科学不再是孤立的学科，而是与其他学科密切相关。人工智能的涌现使计算机教学内容能够更好地与数学、统计学、生物学、医学等跨学科领域进行融合。这种跨学科的内容设计有助于培养学生更全面的素养，使其具备更多元的能力。

人工智能促进了计算机教学内容的个性化设计。通过分析学生的学科偏好、

学习风格、知识水平等数据，教师可以个性化地调整教学内容，使之更适应不同学生的需求。个性化设计有助于激发学生的学习兴趣，提高学习动力。在计算机教学中，个性化设计可以体现在编程任务的难度、项目的选择等方面，使学生更好地发挥个体优势。

人工智能强化了计算机教学内容的实践性。在人工智能的推动下，计算机教学注重通过实际项目和实践性任务来强化学生的实际操作能力。学生可以通过参与真实项目，如应用开发、数据分析等，将所学知识应用到实际场景中。这种实践性强化有助于培养学生解决实际问题的能力，提高他们在职场上的竞争力。

在实际应用中，教师可以通过灵活选择教材、设计项目任务和引入实际案例等方式，使计算机教学内容更加符合实际应用和行业需求。此外，教师还可以结合学科特点，引入最新的编程语言和工具，使学生能够紧跟技术前沿。同时，教师需要与行业合作，了解行业需求，将实际应用场景融入教学内容中，使学生能够更好地适应职业发展的挑战。

人工智能在计算机教学内容设计方面的应用推动了计算机教学理念的变革。通过更新和优化教学内容、贴近实际应用、跨学科融合、个性化设计和强化实践性等方面的创新，教师能够更好地满足学生的学科需求，使计算机教学更具现实价值。未来，随着人工智能技术的不断发展，教师可以进一步探索更多创新的教学内容设计方式，为学生提供更富有挑战和实用性的计算机教育体验。

（二）机器学习和深度学习教育

人工智能的崛起带来了机器学习和深度学习等先进技术的快速发展，这不仅深刻改变了计算机科学领域的面貌，也推动了计算机教学内容的变革。高校在这一背景下加强了对机器学习和深度学习等领域的教育，旨在培养学生对这些先进技术的理解和应用能力。

机器学习和深度学习作为人工智能领域的核心技术，吸引了广泛的关注，推动了计算机教学内容的前沿更新。在这个背景下，高校将这些先进技术纳入计算机教学的核心内容，以确保学生能够紧跟技术发展的步伐。机器学习和深度学习的应用领域涵盖了图像识别、语音处理、自然语言处理等多个领域，因此这些内容的整合使计算机教学更具前瞻性和实用性。

高校注重对机器学习和深度学习基本原理的深入教育。高校在计算机教学中强调对机器学习和深度学习的基础理论的讲解，包括算法原理、数学基础等。学生通过深入理解这些基本原理，能够更好地理解机器学习和深度学习的工作机制，为进一步应用提供坚实的理论基础。这有助于培养学生扎实的理论功底，使其能更灵活地应对不同领域的实际问题。

机器学习和深度学习技术在实际应用中取得了显著的成就，例如在图像识别、语音识别、自然语言处理等方面，推动了计算机教学内容向实际应用的转变。高校通过引入实际案例和项目，让学生亲身参与解决实际问题的过程。这种实际应用导向的教学方式有助于学生将理论知识转化为实际能力，提高其解决现实问题的能力，培养创新精神。

机器学习和深度学习在医学、生物学、工程学等多个领域都有广泛的应用，促进了计算机教学内容的多学科融合。高校计算机教学内容与其他学科的交叉融合，使学生能更全面地理解这些技术在不同领域中的应用场景。这有助于培养学生的跨学科思维和合作能力，使其更好地适应未来工作的需求。

机器学习和深度学习技术的广泛应用为教师提供了更多收集学生学习数据的机会，推动了计算机教学内容的个性化设计。通过分析学生的学科偏好、学习风格等个体差异，教师可以更精准地调整教学内容，满足不同学生的学科需求。这种个性化设计使教学更贴近学生的兴趣和学科发展方向。

在实际操作中，教师可以选择基于项目的学习方式，引入实际案例和问题，使学生能够通过实际项目来深入学习机器学习和深度学习。此外，教师还可以结合实际应用场景，邀请行业专业人士进行实际案例分享，提供更丰富的学习资源。这种综合性、实践性的教学内容设计有助于激发学生的学习兴趣，提高他们在机器学习和深度学习领域的实践能力。

人工智能的崛起促使了机器学习和深度学习等领域在计算机教学中的应用。通过更新教学内容、强调基本原理、注重实际应用、多学科融合和个性化设计等方式，教师能够更好地培养学生对这些先进技术的理解和应用能力。

（三）数据科学和分析

人工智能在数据科学和分析领域的广泛应用已经成为当今计算机教学的一个

重要方向。这种趋势推动了教学内容的变革，使高校更加注重培养学生的数据处理和分析能力。

学生学会有效地收集、处理和解释数据，成为现代计算机教学的关键目标。

人工智能在数据科学和分析中的应用促使计算机教学内容更加注重数据科学基础知识的传授。高校通过引入数据科学的基本理论和概念，如统计学、概率论、数据挖掘等，为学生打下坚实的理论基础。这种基础知识的传授有助于学生理解数据科学的本质，为其在实际应用中更好地运用人工智能技术奠定基础。人工智能的算法在数据分析中的广泛应用促进了计算机教学内容向算法设计和优化方向的发展。学生通过学习机器学习和深度学习算法，能更好地理解数据背后的规律和趋势。高校强调算法设计的原理和方法，培养学生运用先进算法解决实际数据分析问题的能力。这种注重算法的教学内容设计使学生更具竞争力，能够在数据科学领域中更加灵活地应对各种挑战。

人工智能推动了计算机教学内容向实际应用场景的导向。数据科学和分析往往要求学生具备在实际项目中处理大规模数据集的能力。因此，高校通过引入实际数据集、项目案例和模拟场景，让学生亲身体验数据科学和分析的实际操作过程。这种实际应用导向的教学方式有助于学生将所学知识转化为实际能力，提高其在数据科学领域的实际操作水平。

人工智能促使计算机教学内容更加注重数据可视化和解释能力的培养。数据科学和分析的结果通常需要通过可视化手段呈现，并需要学生具备解释分析结果的能力。因此，高校注重培养学生使用数据可视化工具，设计清晰、直观的图表和报告。这种注重数据可视化和解释能力的教学内容设计使学生在与他人交流和呈现分析结果时更加得心应手。

人工智能推动了计算机教学内容的跨学科融合。数据科学和分析不仅是计算机科学领域的一部分，它还涉及统计学、数学、领域知识等多个学科的交叉。高校通过促进计算机教学内容与其他学科的融合，使学生更全面地理解数据科学和分析的复杂性。这种跨学科的内容设计有助于培养学生更全面的素养，使其能够更好地应对多学科融合的实际问题。

在实际应用中，教师可以通过引入真实数据集、设计数据科学项目、使用数据分析工具等方式，使学生在实际操作中更好地理解数据科学和分析的应用。此外，教师还可以与行业合作，引入行业实际案例，使学生能够更好地了解数据科学在不同领域中的应用场景。这种实际案例和项目的引入有助于学生更全面地认识数据科学和分析的实际应用价值。

人工智能在数据科学和分析中的应用推动了计算机教学内容的变革。通过传授数据科学基础知识、强调算法设计和优化、注重实际应用场景、培养数据可视化和解释能力以及跨学科融合等方式，教师能够更好地培养学生在数据科学和分析领域的综合能力。

（四）自然语言处理和语音识别

随着自然语言处理（NLP）和语音识别技术的飞速发展，这些领域的应用逐渐渗透到计算机教学内容中。高校越来越注重培养学生构建智能语言处理系统的能力，以及运用语音识别技术解决实际问题的技能。

人工智能的崛起提升了计算机教学内容中自然语言处理基础知识的重要性。高校通过引入自然语言处理的基本理论和技术，如词法分析、句法分析、语义分析等，为学生提供了深入了解语言处理系统背后工作原理的机会。这种基础知识的传授有助于学生理解语言处理技术的本质，为他们在实际应用中更好地运用这些技术打下坚实的理论基础。

人工智能的算法在自然语言处理领域的广泛应用促进了计算机教学内容向算法设计和优化方向的发展。学生通过学习自然语言处理算法，能够更好地理解语言的结构和语法规则，从而构建更智能、更有效的语言处理系统。高校注重算法设计的原理和方法，培养学生在自然语言处理领域中运用先进算法解决实际问题的能力。这种注重算法设计的教学内容使学生更具有创新意识。

人工智能推动计算机教学内容导向实际应用场景。自然语言处理技术在信息检索、文本分类、情感分析等领域取得了显著的应用成果。高校通过引入实际语言数据集、项目案例和模拟场景，让学生亲身体验构建智能语言处理系统的实际操作过程。这种实际应用导向的教学方式有助于学生将所学知识转化为实际能力，提高其在自然语言处理领域的实际操作水平。

随着语音识别技术的成熟，它在语音助手、语音搜索、语音翻译等方面得到广泛应用，计算机教学中更加注重语音识别技术。高校通过教授语音识别的基本原理和技术，培养学生在语音交互领域的技能。这包括语音信号处理、语音特征提取、语音模型训练等方面的知识，使学生能够理解并应用语音识别技术解决实际问题。

自然语言处理和语音识别不仅属于计算机科学领域，它还涉及语言学、声学、心理学等多个学科的交叉，推动了计算机教学内容的跨学科融合。高校通过促进计算机教学内容与其他学科的融合，使学生更全面地理解自然语言处理和语音识别的复杂性。

在实际应用中，教师可以通过引入实际语言数据、设计语言处理项目、使用语音识别工具等方式，使学生在实际操作中更好地理解自然语言处理和语音识别的应用。此外，教师还可以结合行业实际应用场景，引入行业专业人士进行实际案例分享，提供更丰富的学习资源。这种实际案例和项目的引入有助于学生更全面地认识自然语言处理和语音识别的实际应用价值。

人工智能在自然语言处理和语音识别领域的应用促使了计算机教学内容的变革。通过传授基础知识、注重算法设计和优化、实际应用导向、语音识别技术培养以及跨学科融合等方式，教师能够更好地培养学生在自然语言处理和语音识别领域的综合能力。随着人工智能技术的不断发展，计算机教学内容将持续更新，为学生提供更为实用、创新和前瞻的学习体验。通过引入这些新领域的知识，人工智能促使计算机教学内容更加贴近当今技术发展，使学生具备更全面的计算机科学知识和技能。

第二节　人工智能促进计算机教学资源与环境的创新

一、人工智能促进计算机教学资源的创新

（一）虚拟实验室和模拟环境

引入虚拟实验室和模拟环境是计算机教学资源创新的关键举措之一，为学生提供了更真实的实践体验，尤其在计算机编程和系统设计等方面发挥了重要作

用。这种创新不仅拓展了学生的学习体验，还通过人工智能技术提供了更丰富和智能化的教学资源，促进了计算机教学的变革。

虚拟实验室为学生提供了在虚拟世界中进行实际操作的机会。传统的实验室受到实验设备、成本和安全等方面的限制，而虚拟实验室通过模拟技术，为学生提供了更为灵活和安全的实验环境。在计算机编程和系统设计等领域，学生可以在虚拟实验室中进行各种实际操作，包括代码编写、系统调试、性能优化等。这种实践体验使学生能够更深入地理解理论知识，培养实际操作的能力。

模拟环境的引入加强了对计算机编程和系统设计等领域的模拟实践。通过模拟环境，学生可以模拟各种复杂的系统行为，包括程序的运行、网络的交互、数据库的设计等。这种高度模拟的环境使学生能够在更贴近实际应用的情境中进行学习和实践，提高他们解决问题的能力和创新思维。模拟环境还可以帮助学生更好地理解系统设计的原理和流程，培养他们在实际项目中的设计能力。

在计算机编程教学中，虚拟实验室和模拟环境的创新也为学生提供了更多的自主学习机会。学生可以根据自己的兴趣和学习进度选择不同的实验项目，在虚拟环境中调整参数、修改代码，观察实验结果。人工智能技术可以根据学生的学习表现提供个性化的推荐，帮助他们更有针对性地选择实验内容。这种自主学习的方式有助于激发学生的学习兴趣，培养他们独立思考和解决问题的能力。

在虚拟实验室和模拟环境的创新中，人工智能技术发挥了重要作用。首先，人工智能可以通过智能化的实验指导为学生提供更为精准和个性化的学习支持。系统可以分析学生在虚拟实验中的表现，识别出他们可能存在的困惑点和错误。基于这些分析结果，系统可以给予及时的反馈和指导，帮助学生纠正错误，加深对实验原理的理解。这种个性化的实验指导有助于提高学生的实验效果，使他们更加深入地理解和掌握相关知识。

人工智能技术可以通过智能化的系统设计支持学生在模拟环境中进行实践。系统可以根据学生的学科水平和学习进度生成相应的实际应用场景，提供具有挑战性的设计任务。学生可以在模拟环境中进行系统设计，测试设计的可行性和性能。系统还可以根据学生的设计过程提供实时的评估和建议，帮助他们不断优化设计方案。这种智能化的系统设计支持使学生能够在更贴近实际应用的情境中进行深度学习和实践。

在推动虚拟实验室和模拟环境的创新中，也需面对一些挑战和问题。首先，虚拟环境的真实性和复杂性是一个需要考虑的因素。尽管人工智能可以模拟各种实验和系统场景，但要真实还原所有细节和复杂性仍然是一个挑战。因此，在创建虚拟实验室和模拟环境时，需要不断改进模拟技术，使其更加真实、精准。其次，学生的参与度和体验感是也是需要关注的方面。虚拟实验和模拟环境虽然提供了更为灵活和安全的学习环境，但学生仍然需要足够的兴趣和主动性来积极参与。因此，在设计虚拟实验和模拟环境时，需要考虑如何激发学生的学习兴趣，提高他们的参与度，以达到更好的教学效果。

引入虚拟实验室和模拟环境是计算机教学资源创新的一项关键举措。通过结合人工智能技术，这种创新不仅为学生提供了更真实、灵活和个性化的学习体验，也为计算机教学注入了更多的活力。虚拟实验和模拟环境的创新将继续推动计算机教学朝着更为智能和实践导向的方向发展，为学生提供更丰富、深入的学科体验。

（二）在线编程挑战平台

提供在线编程挑战平台是计算机教学资源创新中的一项重要举措，通过人工智能自动评估学生的编程水平，并提供实时的反馈，有力地促进了学生在实践中提高编程能力。这种创新不仅拓宽了学生的学习渠道，而且通过智能化评估和反馈，为计算机教学注入了更多的实用性和个性化元素，推动了教学模式的变革。

在线编程挑战平台为学生提供了一个灵活、实时的学习环境。传统的编程学习通常受到时间和地域的限制，而在线平台的出现使学生可以随时随地参与编程挑战。无论是在学校、家中还是其他地方，学生都能够通过电脑或移动设备访问平台，进行编程实践。这种灵活性不仅方便了学生的学习，还激发了学生的主动性和自主学习的兴趣。

人工智能技术的应用使在线编程挑战平台能够自动评估学生的编程水平。通过智能算法，系统可以分析学生提交的代码，检测语法错误、逻辑错误以及代码风格等方面的问题。这种自动评估不仅大大减轻了教师的工作负担，也提供了更为客观和及时的评价。学生能够在短时间内获得关于编程质量的反馈，及时发现并改正问题，提高编程水平。

在线编程挑战平台还通过人工智能技术提供了个性化的学习路径和建议。系统可以根据学生的学科水平、学习历史和编程习惯等信息，为其推荐难度合适的挑战项目，制订个性化的学习计划。这种个性化的推荐和建议有助于学生更有针对性地提升编程能力，同时激发学生在编程学习中的主动性。

在线编程挑战平台还鼓励学生在实践中应用知识，培养解决问题的能力。挑战性的编程项目通常模拟实际工作场景，要求学生解决具体问题或完成特定任务。学生通过参与这些挑战，不仅能将理论知识应用到实际中，还能锻炼解决问题的能力。人工智能技术的支持使得系统能够为学生提供更具挑战性和实用性的编程任务，推动学生在实践中不断提高编程水平。

在线编程挑战平台还能够通过竞赛和排名机制激发学生的竞争意识和学习动力。学生可以与全球范围内的其他学生比拼编程技能，参与编程竞赛，共同排名。这种竞争机制鼓励学生追求卓越，同时提供了一个学习交流的平台。人工智能技术可以更精准地记录学生的成绩和表现，为竞赛排名提供公正和客观的依据。

在创新的同时，在线编程挑战平台也面临一些挑战。首先，确保评估的准确性是一个关键问题。人工智能在评估编程水平时需要考虑语法、逻辑、代码风格等多个方面，确保评估的全面性和准确性是一个技术上的难点。其次，平台的设计需要关注用户体验，保证学生能够方便、愉快地使用平台进行编程挑战。最后，隐私和安全问题也需要得到妥善处理，保护学生个人信息的同时确保系统的正常运作。

引入在线编程挑战平台是计算机教学资源创新的一项重要实践。通过结合人工智能技术，这种创新为学生提供了更灵活、实时的学习环境，通过自动评估和个性化推荐，提升了学生的编程能力。在线编程挑战平台的发展将推动计算机教学向更为智能和实践导向的方向发展，为学生提供更丰富、深入的编程学习体验。

（三）大数据分析与预测

大数据分析技术在计算机教学资源的创新中发挥着重要的作用，其应用不仅限于对学生学习行为和表现的深度分析，更包括预测学生可能遇到的困难并提前介入，以提供有针对性的学习资源和支持。大数据分析和人工智能技术结合，提供了更为智能、个性化的学习环境，推动了计算机教学资源的创新与升级。

大数据分析技术可以通过对学生学习行为和表现的深度分析，获取更为全面和精准的数据。通过收集学生在学习平台上的各种行为数据，如点击、停留时间、答题情况等，系统可以构建学生的学习画像。这种全面的数据分析不仅包括了学科知识点的掌握情况，还涵盖了学习习惯、学习速度、偏好等多个方面的信息。借助这些数据，教师可以更好地了解学生的学习状态，有针对性地制订教学计划。

大数据分析技术通过对学生数据的深入挖掘，能够预测学生可能遇到的困难并提前介入。通过运用机器学习算法，系统可以分析学生在学习过程中的模式和趋势，预测出可能出现的学习难点。一旦系统发现学生即将遇到困难，可以提前发出警示，并为学生提供有针对性的学习支持。这种提前介入的机制有助于避免学生陷入深度困扰，提高学习效果。

大数据分析技术为个性化学习资源的提供提供了强大支持。基于对学生学习行为和表现的深度分析，系统可以为每个学生生成个性化的学习路径和资源推荐。这包括根据学生的学科水平、学习风格、兴趣等因素，推荐合适的教材、练习题、多媒体资源等。通过这种个性化的学习资源，学生可以更加高效地学习，提高学科素养。

在计算机教学领域，大数据分析技术还能够为编程学科提供更为精细的支持。通过对学生编码行为的分析，系统可以识别出他们在编程过程中可能存在的问题，如语法错误、逻辑错误等。系统可以为学生提供实时的编程建议，帮助他们改进代码，并通过可视化方式展示代码执行的过程，加深对编程原理的理解。这种个性化的编程支持有助于培养学生的编程能力和解决问题的能力。

大数据分析技术在计算机教学资源创新中也面临一些挑战。首先，数据隐私和安全问题是一个重要的挑战。学生的学习数据包含大量个人信息，如学科成绩、学习轨迹等，需要得到妥善保护。在推动大数据分析技术的同时，必须加强对学生隐私的保护，确保数据不被滥用和泄露。其次，算法的准确性和鲁棒性是关键问题。大数据分析技术依赖于复杂的算法来分析学生的学习数据，如果算法设计不当或者数据质量不好，可能导致分析结果不准确，进而影响个性化学习资源的提供。因此，需要不断改进和优化算法，确保其在真实教学场景中的有效性。

大数据分析技术通过深度分析学生学习行为和表现，预测学生可能遇到的困难并提前介入，为计算机教学资源的创新提供了强大的支持。在不断解决技术和隐私等问题的情况下，这一技术将继续推动教育领域的发展，为学生和教师提供更加智能和个性化的学习体验。

二、人工智能促进计算机教学环境的创新

（一）虚拟现实教学环境

利用人工智能技术创建虚拟现实教学环境是计算机教学环境创新的一项重要举措，为学生提供了更为真实的沉浸式学习体验。这种创新不但拓展了传统教学的边界，而且通过智能化的技术支持，为计算机编程和系统设计等领域的学习提供了更为真实和实用的虚拟体验，推动了教学环境的智能化和实践导向的变革。

虚拟现实教学环境为学生提供了一个身临其境的学习空间。传统教室往往受到物理空间的限制，而虚拟现实技术可以打破这些限制，创造出各种虚拟场景，使学生仿佛置身于实际工作或实验环境中。在计算机编程和系统设计领域，学生可以在虚拟环境中创建、测试和优化代码，模拟各种复杂的系统行为。这种身临其境的学习体验有助于激发学生的学习兴趣，提高他们的投入度和学科理解。

人工智能技术的引入使虚拟现实教学环境更为智能、交互式性更强。在虚拟环境中，学生不仅可以看到和感受虚拟世界，还能够与虚拟元素实时互动。通过人工智能算法，系统可以识别学生的动作、表情等，实现更智能的互动和反馈。例如，在编程教学中，学生可以通过手势或语音与虚拟编程环境交互，获得实时的编程反馈。这种智能交互提高了学生与虚拟环境的沟通效率，使学习更加生动和有趣。在计算机编程和系统设计的学习中，虚拟现实教学环境可以提供更为复杂和真实的实践场景。学生可以在虚拟环境中构建和操作计算机系统，模拟网络交互、数据库设计、系统调试等复杂过程。运用人工智能技术可以在虚拟环境中智能生成虚拟实验任务，根据学生的学科水平调整任务难度，实时监测学生的学习进度。这种对真实场景的模拟有助于学生更深入地理解计算机系统的工作原

理，培养他们在实际项目中的应用能力。

虚拟现实教学环境还可以通过智能导师系统提供个性化的学习支持。智能导师系统可以分析学生在虚拟环境中的学习表现，识别潜在的问题和困难，并提供个性化的指导和建议。例如，在编程学习中，系统可以根据学生的代码质量、解题思路等方面给予实时反馈，帮助学生理清思路、纠正错误。这种个性化的学习支持有助于提高学生的学习效果，使他们更有信心和能力完成复杂的计算机编程任务。

虚拟现实教学环境也为远程学习提供了更为真实的交互体验。学生无须到达特定地点，便能够通过虚拟现实设备参与实时的虚拟教学活动。这对于那些受制于地理条件或时间限制的学生尤为有益。通过智能虚拟现实技术，学生可以在远程地域与教师和同学进行实时互动，共同完成编程项目，享受与实体教室相似的学习体验。

在推动虚拟现实教学环境创新的过程中，也需要应对一些挑战。首先，虚拟现实技术的硬件设备和软件系统需要不断改进，以提供更为真实和流畅的用户体验。其次，教师需要接受相关培训，熟练运用虚拟现实技术进行教学。最后，虚拟现实教学环境也需要更多的教学资源和内容支持，以满足不同学科和学科水平的需求。

人工智能技术在虚拟现实教学环境的创新中发挥了关键作用。通过结合虚拟现实技术和人工智能算法，计算机教学环境得以更为真实和智能化，为学生提供了更为沉浸式、有趣且实用的学习体验。虚拟现实教学环境的创新将继续推动计算机教学向更为智能、实践导向的方向发展，为学生提供更丰富、深入的学习体验。

（二）在线实验室

利用人工智能技术创建在线实验室是计算机教学环境创新的一项重要措施，学生能够通过网络平台进行实验，解决了传统实验室资源有限的问题，同时为学生提供更多的实践机会。这种创新不仅促进了教学资源的更好利用，还通过智能化技术支持，提升了学生在计算机领域的实践能力，推动了教学环境的智能化和实践导向的变革。

在线实验室的创新解决了传统实验室资源有限的问题。传统实验室往往受到物理空间、设备和时间等多重限制，学生难以随时随地进行实验。通过在线实验室，学生只需具备能访问网络的设备，就能够随时随地参与实验活动。这种便利性不仅提高了教学资源的利用效率，也拓展了学生的学习空间，使实验更加灵活和可行。

人工智能技术的引入赋予了在线实验室更为智能的特性。在线实验室可以通过人工智能算法分析学生的实验数据，识别实验中的模式和趋势，提供更深层次的数据分析和解释。例如，在计算机网络实验中，系统可以分析网络流量数据，帮助学生理解不同网络协议的工作原理。这种智能化的数据分析有助于学生更全面地理解实验结果，培养他们的数据分析和解决问题能力。

在线实验室还能够通过模拟技术提供更为复杂和真实的实验场景。在计算机领域，学生可以通过在线平台模拟各种复杂的实际场景，如系统调试、网络配置等。运用人工智能技术可以在虚拟实验场景中智能生成实验任务，根据学生的学科水平调整任务难度，提供更贴近实际工作环境的实验机会。这种对真实场景的模拟有助于学生更深入地理解计算机领域的知识，培养他们在实际项目中的应用能力。

在计算机编程和软件开发方面，在线实验室可以通过提供虚拟编程环境，使学生进行实际的编码工作。学生可以在虚拟环境中编写、测试和优化代码，模拟真实的开发过程。运用人工智能技术可以通过代码分析、自动化测试等功能，为学生提供实时的编程反馈和建议。这种实际的编程实践有助于学生更好地理解编程语言和软件开发的流程，提高他们的编程水平。

在线实验室还通过人工智能技术提供了个性化的学习支持。系统可以根据学生的学科水平、学习历史和实验表现等信息，为其制订个性化的学习计划和实验任务。这种个性化的支持有助于学生更有针对性地提高自己的实验技能，同时激发了学生在实验学习中的主动性。在线实验室为学生提供了更多的实践机会，促进了他们在计算机领域的实际应用能力。通过参与在线实验，学生能够在真实的实验环境中解决问题、优化方案，培养了应对实际挑战的能力。这种实践经验对于学生的职业发展和创新能力的培养具有重要意义。

在线实验室的创新也面临一些挑战。首先，确保在线实验室的稳定性和安全性是一个重要问题。保障学生在进行实验时系统的流畅运行和数据的安全存储至关重要。其次，教师需要适应在线实验室的使用，学习如何充分利用在线平台进行教学，提供有效的实验指导。最后，考虑到不同实验需要不同的设备和软件支持，在线实验室的设计需要充分考虑到学生的设备差异，确保平台的通用性和易用性。

人工智能技术在创建在线实验室中发挥了重要作用。通过结合智能算法，在线实验室不仅为学生提供了更为灵活和便利的学习环境，还通过智能化技术支持提高了实验的智能性和实用性。在线实验室的创新将继续推动计算机教学向更为智能、实践导向的方向发展，为学生提供更丰富、深入的实验学习体验。

（三）自适应学习系统

利用机器学习算法构建自适应学习系统是计算机教学环境创新的一项重要举措，自适应学习系统根据学生的学习进度和能力自动调整教学内容和难度，提供更符合个体差异的学习体验。这种创新不仅使教学过程个性化了，也为学生提供了更为灵活、高效的学习路径，推动了教学环境的智能化和个性化的变革。

自适应学习系统通过机器学习算法对学生的学习数据进行分析和建模。系统可以收集学生在学习过程中产生的数据，包括答题情况、学习时长、交互行为等多维度信息。通过对这些数据进行分析，系统可以建立起对学生学习状态和能力水平的模型。这种基于数据的模型使系统能够更准确地了解每个学生的学科水平、学习风格和知识水平差距，为个性化的教学提供了数据支持。

自适应学习系统能够根据学生的学习进度和能力自动调整教学内容。在传统的教学模式中，学生通常被置于相同的教学进度和难度之下，无法充分发挥个体的学习潜力。而自适应学习系统可以根据学生的实际学情，动态地调整教学内容的难度和深度。对于那些掌握得快的学生，系统可以提供更为深入和挑战性的学习材料；而对于进度较慢的学生，系统则可调整内容难度，提供更为细化和易理解的知识点。这种个性化的教学方式有助于满足学生不同的学科水平和学习节奏，提高学习效果。

机器学习算法在自适应学习系统中的应用还体现在实时的学习反馈上。系统通过分析学生的答题情况、理解程度等数据，能够迅速生成个性化的学习反馈。例如，在学生答题错误的情况下，系统可以根据错误类型提供相应的解释和建议；而在学生表现优秀的情况下，系统则可以提供更高难度的题目或深入的学科内容。这种实时的个性化反馈不仅有助于学生及时发现和纠正错误，也激发了学生的学习动力和自主性。

自适应学习系统还可以通过机器学习算法实现学习路径的优化。系统可以根据学生的学科水平和相关数据，为其制订最合适的学习路径。这种路径优化可以包括推荐学科领域、调整知识点顺序等方面。通过智能的学习路径规划，系统可以帮助学生更高效地掌握知识，减少学科盲点，提高学科广度。这种个性化的学习路径规划有助于提高学生的学科整体素养，培养更全面的知识结构。

自适应学习系统在考试评估方面也发挥了重要作用。通过机器学习算法对学生的学科水平进行深度评估，系统可以更客观、全面地了解学生的知识水平和技能掌握程度。这种个性化的评估不仅有助于更好地反映学生的真实能力，也为学生提供了更为准确的学科建议和发展方向。通过机器学习的自适应评估，系统可以更精细地了解学生的学科需求，从而提供更符合实际情况的学科建议。

在自适应学习系统的创新中仍然面临一些挑战。首先，确保算法的准确性和可靠性是一个关键问题。算法需要不断进行训练和调整，以适应不同学科和学科水平的需求。其次，保障学生数据的隐私和安全是一个重要考虑因素，系统需要制定严格的数据保护措施，确保学生数据不被滥用。最后，教师需要接受相关培训，熟练运用自适应学习系统进行教学，提供有效的个性化指导。

机器学习算法在自适应学习系统中的应用推动了计算机教学环境的创新。通过个性化的教学内容、实时的学习反馈和学习路径的优化，自适应学习系统为学生提供了更为灵活、高效和符合个体差异的学习体验。这种创新将继续推动计算机教学向更为智能、个性化的方向发展，为学生提供更丰富、深入的学习体验。

第三节　人工智能促进计算机教与学方式的转变

一、人工智能促进计算机教方式的转变

（一）实践性学习

通过虚拟实验、模拟场景和教育游戏等方式，引入人工智能的实践性教学方式为学生提供了更多实践性的学习机会，这不仅有助于巩固理论知识，还培养了

学生解决实际问题的能力。

虚拟实验是一种利用计算机技术模拟实际实验过程的教学方式。在计算机科学和工程领域，虚拟实验可以涵盖各种主题，包括网络配置、数据库设计、编程调试等。通过虚拟实验，学生可以在安全、可控的环境中进行实际操作，尝试不同的解决方案，从而深入理解理论知识。这种实践性的学习机会有助于学生更好地掌握实际应用技能，提高解决问题的效率。

模拟场景是通过模拟真实情境来进行教学的方法。在计算机科学领域，模拟场景可以包括软件开发项目、网络攻防演练等。通过参与这些模拟场景，学生可以体验到真实工作环境中的挑战和机会，提高团队协作和沟通能力。人工智能技术的应用使模拟场景的真实感和互动性更强，为学生提供更贴近实际的学习体验。

教育游戏是一种结合娱乐性和教育性的学习方式，通过游戏化的设计吸引学生的兴趣。在计算机教学中，教育游戏涉及编程挑战、逻辑推理、算法设计等方面。通过参与教育游戏，学生可以在轻松愉快的氛围中学习，同时提升解决问题的能力。人工智能技术使得教育游戏更加个性化和智能化，能根据学生的表现调整难度，提供定制化的学习体验。这种教学方式能更好地培养学生解决实际问题的能力，因为系统会根据学生的实际表现调整教学内容和难度。

虚拟实验、模拟场景和教育游戏等实践性学习方式促进了计算机教学内容的融合。这些方式可以结合起来，创造更为综合、丰富的学习体验。例如，学生可以通过虚拟实验模拟网络配置，参与模拟场景中的团队项目，同时利用教育游戏提高编程和算法设计的能力。这种综合性的学习方式使学生更全面地发展技能，提高解决实际问题的综合能力。

在实际操作中，教师可以选择合适的虚拟实验平台、模拟场景工具和教育游戏应用，根据教学目标和学生需求设计相应的实践性学习活动。此外，教师还可以与行业合作，引入真实案例和项目，提供更具挑战性和实际意义的学习机会。通过这些实践性学习方式，学生能够更好地应对未来工作和研究中的实际问题，培养更全面的能力。

人工智能在计算机教学中的应用促使了教学方式的转变，特别是通过虚拟实验、模拟场景和教育游戏等方式提供更多实践性的学习机会。这种转变不仅有助于学生巩固理论知识，培养解决实际问题的能力，还为教师提供了更多灵活、个性化的教学手段。未来，随着人工智能技术的不断发展，计算机教学方式将继续迎来更多创新和变革，为学生提供更具灵活性、实用性和前瞻性的学习体验。

（二）自适应性教学

AI 系统的自适应性是计算机教学方式转变中的关键因素之一。通过根据学生的学习进展实时调整教学内容和难度，AI 系统确保每个学生都在适当的挑战水平上学习，为个性化学习提供了更贴近学生需求的教学体验。

AI 系统的自适应性基于对学生学习行为和表现的实时监测和分析。通过收集大量的学习数据，AI 系统能够了解每个学生的学科水平、学习偏好、弱点和优势。这些数据的分析为系统提供了对学生个性化需求的深入理解，使得教学内容和难度的调整更加准确和精细。

自适应性教学使得教学内容能够更好地适应学生的学习节奏和风格。不同的学生在学习过程中可能有不同的习惯和偏好，有些学生喜欢更深入地研究一个主题，而有些学生可能更喜欢广泛涉猎多个领域。AI 系统能够根据学生的学习风格，调整教学内容的深度和广度，提供更符合学生兴趣和学科特长的学习材料。

自适应性教学使得每个学生都能够在适当的挑战水平上学习。传统的一刀切教学方式可能导致某些学生感到无趣或感到难度太大，而 AI 系统通过调整教学内容的难度，确保学生在学习中既能够感到挑战，又能够保持学习的积极性。这种个性化的挑战水平有助于激发学生的学习兴趣，提高学习的效果。

AI 系统的自适应性有助于更好地发现和弥补学生的学科薄弱环节。通过监测学生的学习进展，系统能够识别出学生可能遇到困难的领域，并提供针对性的辅导和支持。这种个性化的学科辅导有助于学生突破学科上的瓶颈，促使他们更好地理解和掌握知识。

AI 系统的自适应性有助于提高学生的学习效率。通过调整教学内容的难度，确保学生在适当的水平上学习，不仅提高了学生对知识的吸收和理解速度，也降低了学习的阻力。学生在适应性教学环境中更容易保持专注和投入，从而提高整体学习效果。

在实际操作中，教师可以充分利用 AI 系统提供的学习数据分析工具，了解学生的学科水平和学习进展。基于这些数据，教师可以调整教学计划，提供更符合学生需求的教学内容。此外，教师还可以与 AI 系统合作，设计更具挑战性和启发性的学习任务，促使学生在自适应性教学环境中更好地发展综合能力。

AI 系统的自适应性是计算机教学方式转变中的一项重要创新。通过实时监测和分析学生的学习行为，调整教学内容和难度，自适应性教学能够更好地满足学生个性化的学科需求，提高学习的效果。未来，随着人工智能技术的不断发展，自适应性教学将进一步演进，为学生提供更为智能、贴心的学习体验。

这些方式的变革使得计算机教学更灵活、个性化、实践化，提高了学生的学习体验和教育效果。人工智能的介入为教育提供了更多可能性，使教学更适应学生的需求和当今科技发展的要求。

二、人工智能促进计算机学方式的转变

（一）互动性学习环境

借助 AI 技术，我们迎来了计算机学习方式的一场变革，创造了互动性更强的沉浸式学习环境。这包括虚拟实验、在线编程环境和虚拟现实应用等新兴技术，为学生提供更直观、实践性的学科内容参与体验。

虚拟实验是一项在计算机学习中广泛应用的技术。借助 AI 技术，虚拟实验能够模拟真实实验过程，使学生在虚拟环境中进行实验操作，而无须真正的实验室设备。这不仅提供了更安全、可控的实验体验，还为学生提供了更多实践性的机会。AI 系统可以监测学生在虚拟实验中的操作，提供实时反馈和指导，帮助他们更好地理解实验原理和结果。

在线编程环境是另一个借助 AI 技术创造的互动学习工具。通过在线编程环境，学生可以直接在浏览器中进行编码，而无须安装任何开发环境。AI 系统可以实时审查代码和提供建议，帮助学生改进代码质量。此外，一些在线编程平台还采用了自适应学习技术，根据学生的学科水平和学习风格调整编程任务的难度，提供更具挑战性和个性化的编程学习体验。

虚拟现实应用在计算机学习中的应用也日益普及。通过虚拟现实技术，学生可以沉浸在虚拟的学习场景中，例如虚拟实验室、程序开发环境或计算机网络模

拟。AI 系统可以实时监测学生在虚拟环境中的行为，根据学生的反馈调整虚拟场景，提供更贴近实际的学习体验。这种沉浸式学习环境有助于激发学生的学习兴趣，提高学习的投入感。人工智能技术在虚拟实验和在线编程环境中的应用，使学习更加互动和个性化。通过分析学生在虚拟实验中的操作和编程过程中的代码，AI 系统能够了解学生的学科水平和学习方式。系统可以根据这些信息调整学习任务，提供个性化的学习支持和挑战。这种个性化学习方式有助于满足不同学生的学习需求，使学习更具效果和深度。

虚拟实验、在线编程环境和虚拟现实应用的结合为学生提供了更为全面的学科体验。例如，在学习计算机网络时，学生可以通过虚拟实验模拟网络配置，通过在线编程环境实时编写和调试代码，再通过虚拟现实应用沉浸在网络运行的虚拟场景中。这种综合性的学科体验有助于学生更全面地理解和应用所学知识。

在实际操作中，教师可以选择合适的虚拟实验平台、在线编程环境和虚拟现实应用，根据教学目标设计相应的学科活动。此外，教师还可以鼓励学生积极参与这些互动学习环境，分享经验和合作解决问题，促进团队协作和学科交流。

借助 AI 技术创建更互动和沉浸式的学习环境已经成为计算机学习方式的一项关键变革。虚拟实验、在线编程环境和虚拟现实应用的引入，为学生提供了更为直观、实践性更强的学科内容参与体验，有助于培养他们解决实际问题的能力和创新思维。未来，随着技术的不断进步，互动式和沉浸式学习环境将继续发展，为计算机学习方式带来更多创新和机会。

（二）个性化资源推荐

基于学生的学习数据和兴趣，AI 系统的个性化学习资源推荐功能成为计算机学习方式转变的重要推动力之一。通过精准地分析学生的学习行为、喜好和表现，AI 系统能够推荐个性化的学习资源，包括教材、课程、论文等，从而提高学生的学习动力和效果。

AI 系统通过分析学习数据，能够了解学生的学科偏好和学习风格。通过监测学生在教学平台上的学习行为，系统可以了解学生更感兴趣的领域、更喜欢的学科类型，以及其学习深度和广度的偏好。这些信息为 AI 系统推荐个性化学习资源提供了基础，确保学生在学习过程中更多地接触符合其兴趣和喜好的内容。

基于学生的学习数据，AI 系统可以识别学生的学科水平和知识背景。通过分析学生在过去学习中的表现和成绩，系统可以判断学生的强项和弱项，了解其对某一领域的掌握程度。这有助于系统为学生推荐更符合其学习水平的学习资源，确保学习内容难度适当，既有挑战性，又不至于让学生感到过于困难。

AI 系统可以通过分析学生的学习历史和行为，了解其学习的时间和地点偏好。有些学生可能更喜欢在夜晚学习，有些学生可能更喜欢在安静的环境中学习。基于这些信息，系统可以推荐适合学生学习的时间和地点，使学生能够在最为舒适和有效的条件下进行学习。

个性化学习资源推荐有助于提高学生的学习动力。当学生感到学习资源与自己的兴趣和需求高度契合时，他们更有可能投入学习，提高学习的积极性。AI 系统通过精准的个性化推荐，能够激发学生的学习兴趣，使学习过程更为愉悦和有趣。个性化学习资源推荐有助于学生更全面地了解相关领域的知识。系统可以推荐与学生学科兴趣相关但可能未曾接触的领域，拓宽学生的学科视野。这种综合性的学科了解有助于培养学生的跨学科思维和综合能力。

在实际操作中，教师可以通过合理配置 AI 系统的学习资源推荐算法，确保其充分了解学生的学习历史和兴趣。此外，教师还可以鼓励学生主动参与个性化推荐系统的优化，提供反馈和建议，帮助系统更好地适应学生的需求。

基于学生的学习历史和兴趣，AI 系统能够推荐个性化的学习资源，为学生提供更符合其需求和兴趣的学习体验。这种个性化学习资源推荐的模式不仅有助于提高学生的学习效果和动力，还有助于拓展学生的学科视野，提高学生综合素养。未来，随着个性化推荐技术的不断进步，计算机学习方式将更加贴近学生个体差异，为每位学生提供更为优质和个性化的学习体验。

第六章 人工智能技术在计算机教学中的运用

第一节 人工智能背景下的教学评价与教学管理

一、人工智能背景下的教学评价

（一）问题解决和创新

在人工智能背景下的教学评价，特别是对学生解决问题能力和创新能力的评估，是计算机教育领域中至关重要的一环。随着人工智能技术的不断发展，培养学生在人工智能领域提出新颖思路和解决方案的能力成为教育的关键目标之一。通过评估学生在问题解决和创新方面的表现，可以更好地调整教学策略，促进学生在人工智能领域的全面发展。

评估学生的问题解决能力需要考虑其分析和解决实际问题中的能力。在人工智能领域，问题通常具有复杂性和多样性，学生需要具备良好的分析能力和解决问题的实际操作能力。评估方法包括课堂上的案例分析、项目任务以及实际的编码和算法设计等。通过这些任务，教师可以了解学生在面对实际问题时的反应和处理方式，进而评估其解决问题的能力。评价过程中教师可以注重学生对问题的深入理解、分析问题的方法和解决问题的创造性。

创新能力的评估涉及学生能否在人工智能领域提出新颖的思路和解决方案。创新并非仅在已有知识的基础上进行简单的应用，更包括对问题的重新思考和提出新的、独特的解决方案。评估创新能力可以通过评估学生在课堂上的展示、独立项目设计及科研实践等方面的水平进行。特别是在人工智能领域，教师应鼓励学生尝试新的算法、模型或应用场景，评估其进行重新定义和创造性解决问题的能力。

在教学评价中，引入项目驱动的方法是提高学生解决问题和创新能力的有效途径。通过开展实际项目，学生可以接触真实的问题和挑战，从而提高其解决问题的实际技能。项目包括构建人工智能模型、开发智能应用、解决实际业务问题等，通过这些项目，学生将理论知识应用到实际中，可以培养解决问题和创新的能力。

教学评价中还可以引入同行评价和团队评价，以更全面地了解学生解决问题和创新的能力。同行评价可以通过学生之间相互交流和评估，在小组项目中互相合作，从而更好地评估个体在团队中的贡献和表现。团队评价能够考察学生能否在合作中产生创新性的想法，并推动团队项目朝着更有创意和实用的方向发展。

引入实际的竞赛和挑战是评估学生解决问题和创新能力的另一途径。参与各类人工智能竞赛，如机器学习竞赛、算法竞赛等，不仅能锻炼学生的实际操作能力，还能够评估其在压力下解决问题的能力。这种形式的评估激发了学生的竞争意识，推动其在人工智能领域不断挑战和创新。

在评估学生问题解决和创新能力时，还应考虑学生的综合素质和团队协作能力。在人工智能领域，团队合作是解决复杂问题和推动创新的必要条件。因此，评价学生解决问题和创新能力时，需要综合考虑其团队协作、沟通能力以及对他人意见的接纳程度。这有助于培养学生在团队中发挥协同作用，更好地应对实际工作中的挑战。

在人工智能背景下的教学评价中，教师的角色至关重要。教师应该充分了解学生的学科水平、兴趣和学科发展方向，根据学生的个体差异制订个性化的评价方案。同时，教师还应该及时给予学生反馈，指导其进一步提升问题解决和创新能力。通过定期的学科讨论、项目评审和个性化辅导，教师能够更好地了解学生的学习状况，为其提供更为有针对性的支持。

在人工智能背景下的教学评价中，对学生解决问题和创新能力的评估是一个多维度的过程。通过综合考虑学生的实际操作能力、创新思维和团队协作能力，能够更全面地评价学生在人工智能领域的发展水平。教学评价不仅是学生学习过程中的一项重要环节，也是推动人工智能教育不断创新的重要手段。未来，随着人工智能技术的不断发展，教学评价方法将进一步创新，更好地适应人工智能背景下的教学需求，促进学生在人工智能领域的全面发展。

（二）程序设计和编码

在人工智能背景下，评价学生在编写和调试代码方面的能力，尤其是对于人工智能算法和模型的实现，是计算机教育中至关重要的一项任务。随着人工智能技术的广泛应用和不断发展，学生需要具备在实际项目中编写和调试代码的能力，以有效地实现人工智能算法和模型。通过科学而综合的教学评价，教师可以更好地了解学生的实际操作水平，引导其更深入地理解和应用人工智能技术。

评价学生在编写和调试代码方面的能力需要考虑其在具体项目中的实际操作水平。在人工智能领域，学生可能需要实现各种算法、模型或者应用，例如机器学习算法、深度学习模型等。评价可以通过实际项目任务、编程作业和代码评审等方式进行。学生需要展示对于人工智能算法的理解，并能够将理论知识转化为实际可运行的代码。评价过程中可以关注学生编写的代码的可读性、模块化程度以及对算法细节的准确实现。

考查学生在编写和调试代码方面的能力需要注重其应用编程工具和框架的熟练程度。在人工智能项目中，通常会使用一些成熟的编程框架，如 TensorFlow、PyTorch 等。学生需要掌握这些工具的使用方法，能够有效地调用相关库函数，并理解框架背后的原理。评价过程可以包括学生对于工具的灵活运用、问题的快速解决以及对于框架底层实现的理解等方面。

评价学生在编写和调试代码方面的能力需要考虑其解决问题的能力。在人工智能项目中，学生可能会面临各种挑战，如模型性能不佳、代码效率低等问题。评价任务可以为给定一些真实场景的问题，要求学生通过编写和调试代码来解决。这样的评价任务有助于考查学生分析问题和解决问题的能力，培养其在实际项目中独立思考和创新的能力。

教学评价中可以引入开放性项目，鼓励学生在编写和调试代码方面进行自主设计。例如，要求学生选择一个具体的人工智能应用场景，自行设计并实现相应的算法和模型。这样的项目任务能够更好地锻炼学生独立思考和实际操作的能力。教师在评价过程中可以注重学生的创新性、实用性以及对于算法实现的深度理解。

在人工智能背景下，评价学生在编写和调试代码方面的能力还可以结合实际应用场景，考察其解决真实问题的能力。例如，要求学生基于某个数据集设计和实现一个机器学习模型，然后将模型应用到实际问题中。通过这样的评价任务，学生不仅需要编写和调试代码，还需要考虑如何有效地将人工智能技术应用到实际场景，提高学生的实际操作和解决问题能力。

引入实际项目中的团队协作评价，有助于综合考查学生在团队环境中编写和调试代码的能力。在人工智能项目中，团队合作是推动创新和解决复杂问题的关键。通过团队项目，可以考查学生在团队中的角色扮演、协作沟通和分工协作等方面的表现。评价中可以结合团队的整体成果，更全面地了解学生在编写和调试代码方面的贡献和能力。

引入同行评价和代码评审机制也是提高评价效果的方式。通过学生之间的相互评价和代码评审，可以促使学生更加关注代码的质量和规范，提高其对于编写和调试代码的认真程度。同行评价还有助于学生从不同的角度审视问题，培养其对于他人代码的批判性思维和问题发现能力。

在人工智能背景下的教学评价中，教师的角色仍然十分重要。教师需要在评价过程中发挥引导和指导的作用，及时给予学生反馈。通过定期的代码评审、项目讨论和个性化辅导，教师可以更好地了解学生的编写和调试代码的过程，为其提供更有针对性的支持。

在人工智能背景下的教学评价中，评价学生在编写和调试代码方面的能力需要全面考虑其在实际项目中的表现、对于编程工具的熟练运用、解决问题的能力以及在团队协作中的贡献。通过科学而综合的教学评价，教师可以更好地培养学生全面提高其在人工智能算法和模型实现方面的能力，为其未来在人工智能领域的发展奠定坚实的基础。

（三）开放性问题回答

在人工智能背景下的教学评价中，提供开放性问题，要求学生对人工智能伦理、社会影响等方面进行深入思考和回答，是培养学生综合素养的一项关键任务。这种评价方式不仅考查学生对人工智能技术的理解，更关注其对于伦理、社会责任等方面的关切和思考。通过学生的深度回答，教师可以评估其道德感、社会责任感以及批判性思维等综合素养。

　　教学评价中的开放性问题可以涉及人工智能伦理方面的问题。例如，可以要求学生就人工智能在隐私保护、公平性、透明度等方面可能引发的伦理问题进行深入思考和回答。学生需要分析人工智能技术在实际应用中可能涉及的伦理困境，提出相应的解决方案，并阐述其观点的理论基础。这样的评价任务能够考查学生对于伦理理论的理解和运用的能力，以及在伦理问题上的独立见解。

　　开放性问题可以关注人工智能技术对社会的影响。学生可以思考人工智能技术在就业、教育、医疗等领域可能带来的社会影响，以及如何应对这些影响。这类问题可以考查学生对于社会科学、人文学科知识的运用程度，以及对于社会变革的深刻理解。学生的回答应该包括对于技术发展与社会发展相互作用的思考，以及对于如何使人工智能技术更好地服务社会的建议。

　　在教学评价中，可以引导学生思考人工智能的公平性和包容性。开放性问题可以涉及如何确保人工智能系统不产生歧视、不强化社会不平等等方面。学生需要深入探讨算法的公正性、数据的选择偏差等问题，提出具体的技术和政策建议。评价中可以考查学生对于社会正义和平等的理解，以及如何将这些理念转化为实际行动的能力。

　　可以通过开放性问题引导学生思考人工智能技术的透明度和可解释性。学生可以分析黑箱算法可能带来的问题，以及如何提高人工智能系统的透明性，使其更容易被理解和审查。这类问题可以考查学生对于技术规范、透明度工具等方面的了解，以及对于科技治理的见解。

　　在评价学生对于人工智能伦理和社会影响的深入思考时，教师可以注重学生的文学素养、人文关怀和道德判断。学生的回答应该既包含对于技术原理的理解，也需要表达对于社会问题的关切和责任心。教师可以通过评估学生的表达能力、逻辑思维、伦理意识等方面来全面评价学生的综合素养。在开放性问题的回答中，学生还应该体现出对于不同观点和意见的尊重和理解。

　　教育评价的目标之一是培养学生的批判性思维和开放的思想观念。因此，教师可以考查学生能否客观地分析不同的观点，对于不同意见提出合理的反驳或补充。这有助于培养学生的辩证思维和社会责任感。

在评价学生综合素养时，教师还可以引入小组讨论和互动环节。通过小组合作，学生能够在集体思考中更好地理解和吸收多样的观点，培养团队协作和沟通能力。教师可以通过对小组讨论的观察和总结，了解学生在协作中的表现和对于复杂社会问题的集体思考能力。

开放性问题的评价不仅限于书面回答，还可以考虑学生通过口头陈述、演示等方式进行展示。通过这种方式，教师可以更直观地了解学生的思考深度和表达能力。同时，这也培养了学生的口头表达和演讲能力，这在未来职业生涯中也是非常重要的素养。

在人工智能背景下的教学评价中，开放性问题的设计和评价旨在培养学生对于人工智能伦理和社会影响的深刻理解，以及对于未来技术发展方向的思考。通过这样的评价方式，教育不仅关注学生的技术水平，更关注其综合素养，使其未来在人工智能领域发挥更为积极和有益的作用。

（四）自主学习和研究能力

评估学生的自主学习和研究能力是现代教育中至关重要的一环，尤其在人工智能技术蓬勃发展的今天。学生能否主动获取新知识、跟踪技术发展，并将其应用到实践，直接关系他们在未来社会和职业生涯中的竞争力。

人工智能技术为自主学习和研究能力的评估提供了更为全面和精准的手段。传统的评价方式主要依赖于考试和作业，难以全面体现学生的实际学习情况和研究能力。而在人工智能支持下的评估可以通过分析学生在虚拟学习环境中的行为、交互和表现，更好地反映其学习过程和能力水平。通过数据分析，教师可以深入了解学生的学习兴趣、学习策略以及对新知识的获取和应用能力，为个性化教学和指导提供更为有力的依据。

人工智能技术使得教育评估更加贴近实际应用场景。在人工智能背景下，教师可以模拟真实世界的问题和挑战，通过项目式学习等方式促使学生主动获取新知识并将其运用到实际问题中。评估可以通过监测学生在项目中的表现、解决问题的方法和创新能力来进行，这种真实场景的评估更能反映学生在面对实际工作时对知识的应用能力和变通能力。这种贴近实际的评估方式有助于培养学生的实际操作和解决问题的能力，提高其在职场中的竞争力。

在人工智能技术的支持下，评估过程可以更加灵活和个性化。传统的评估方式通常是标准化的，难以照顾到每个学生的个性化需求和发展轨迹。而人工智能技术可以根据每个学生的学科兴趣、学习数据和能力水平，提供个性化的评估方案。这种个性化的评估不仅能够更全面地了解学生的自主学习和研究能力，还能够更好地激发学生的学习兴趣，使其更愿意投入自主学习和研究中。

人工智能技术还可以通过大数据分析提供更深层次的评估。通过对大量学生数据的分析，可以挖掘出一些普遍存在的问题和趋势，为教育决策提供有力的支持。例如，可以分析学生在特定学科上的普遍疑惑和难点，为教师提供改进教学内容和方法的建议。这种基于数据的评估方式使教育更加科学和有效，有助于不断优化教育体系，提高整体教育质量。

在人工智能支持下的评估也面临一些挑战和争议。首先，数据隐私和安全性是一个重要的考虑因素。学生的学习数据涉及个人隐私，需要建立健全的隐私保护机制，确保学生的信息不被滥用。其次，评估过程中的算法可能存在偏差，需要不断优化和调整，以确保评估结果的客观性和公正性。最后，人工智能技术的使用也需要合理引导，避免对学生的过度干预，保持评估过程的公正性和透明度。

人工智能技术为评估学生的自主学习和研究能力提供了新的可能性和机遇。通过更全面、精准和个性化的评估方式，教师可以更好地了解学生的实际水平，有针对性地进行指导和培养。在这一背景下，教育体系不仅能更好地适应社会对人才的需求，还能培养学生更为全面和实用的能力，推动教育的不断创新和进步。然而，在利用人工智能技术进行评估时，需要谨慎处理相关问题，保障学生的隐私和权益，确保评估的公正性和科学性。

二、人工智能背景下的教学管理

（一）智能化学习平台

人工智能技术的快速发展为教育领域带来了深刻的变革，构建智能化学习平台是其中的一项关键举措。智能化学习平台不仅可以满足学生多样化的学科需求和学习风格，还能提供个性化的学习路径和内容推荐，从而提高教学效果。在这个背景下，我们将深入探讨如何利用人工智能技术构建智能化学习平台，并结合教学管理的角度，分析其对教育的积极影响。

人工智能技术为智能化学习平台的构建提供了强大的支持。机器学习算法可以通过分析大量学生数据，了解每个学生的学科偏好、学习习惯及知识水平，从而为其提供个性化的学习路径。这种个性化路径不仅能够满足学生在不同学科上的需求，还能更好地适应其独特的学习风格，提高学习的效率和质量。智能化学习平台的内容推荐系统也是人工智能技术的体现。基于推荐算法的内容推荐可以根据学生的学科兴趣和学习数据，精准地推荐适合其水平的教材、视频和练习题。这种个性化的内容推荐不仅能够激发学生的学习兴趣，还能够使其更加专注于有针对性的学习，避免浪费时间在与其学科水平不符的内容上。

在教学管理方面，智能化学习平台还具有诸多优势。首先，教师可以通过平台实时监测学生的学习进度和表现。通过分析学生的学习数据，教师可以更全面地了解每个学生的学科掌握情况，及时发现并解决学习中的问题。其次，平台可以为教师提供个性化的教学建议，帮助其更好地应对学生的差异化需求。这种精准的教学管理有助于提高教学效果，使教育更加有针对性和高效率。最后，智能化学习平台还可以为教育决策提供数据支持。通过分析大量学生的学习数据，可以挖掘出一些普遍的学科瓶颈和难点，为课程设计和教学改进提供有力的参考。这种数据驱动的决策方式有助于不断优化教育体系，提升整体教育质量。

在构建智能化学习平台的过程中，也需要注意一些潜在的问题和挑战。首先，隐私和安全性是一个重要的考虑因素。学生的学习数据涉及个人隐私，需要建立健全的隐私保护机制，确保学生的信息不被滥用。其次，平台的算法需要不断优化和更新，以适应不断变化的学科知识和教学方法。最后，师资队伍的培训也是一个重要的环节，教师需要掌握相关的技术和工具，更好地利用智能化学习平台进行教学管理。

利用人工智能技术构建智能化学习平台是推动教育现代化的重要一步。通过个性化学习路径和内容推荐，学生可以更好地满足其学科需求和学习风格，提高学习的兴趣和效果。在教学管理方面，智能化学习平台为教师提供了更多的工具和数据支持，使教育变得更加智能、高效。然而，在追求技术创新的同时，我们也需要谨慎处理相关问题，保障学生隐私，不断优化算法，确保教育体系的健康发展。

（二）学业数据分析

在人工智能技术快速发展的今天，数据分析和挖掘技术在教学管理中的应用呈现出巨大的潜力。特别是对学生的学业数据进行分析，通过提供即时反馈和个性化的学术支持，有望帮助学生更好地理解和掌握知识。

数据分析技术为教学管理提供了强大的工具，能够深入挖掘学生的学业数据，从而更好地了解他们的学习状况。通过收集学生的学科成绩、作业完成情况、考试表现等数据，教师可以全面把握每个学生学业水平。这种全面的数据分析可以揭示学生在不同学科上的优势和劣势，有助于为每位学生量身定制个性化的学习计划。例如，对于在某一学科上表现较差的学生，可以提供更多的辅导和支持，帮助他们克服困难，提高学科水平。

数据挖掘技术可以通过分析学生的学习行为和模式，发现潜在的学习问题并及时提供反馈。在传统教学中，教师很难全面了解每个学生的学习过程，而通过数据分析和挖掘技术，教师可以实时监测学生在虚拟学习环境中的活动。这包括学生的学习时间分布、对不同知识点的掌握情况、学习习惯等。通过分析这些数据，教师可以发现学生学习中的瓶颈和难点，提供有针对性的反馈和支持。例如，对于学习时间较短而效果不佳的学生，可以推荐更有效的学习策略；对于频繁犯错的学生，可以提供个性化的错误分析和纠正建议。人工智能技术的引入使得教学管理更加个性化。通过分析学生的学习数据，教师可以为每位学生提供量身定制的学术支持。个性化的支持不仅包括对学科知识的深度和广度，还包括学习策略、时间管理等方面。例如，对于学习速度较快的学生，可以提供更丰富和深入的学科内容；对于学习速度较慢的学生，可以提供更详细和易理解的学习材料。这种个性化的学术支持有助于激发学生的学习兴趣，提高学习效果。

挖掘技术还可以通过分析学生的学科兴趣和倾向，为其提供更符合个性化需求的学科推荐。通过追踪学生在虚拟学习环境中的学科选择和兴趣点，系统可以生成个性化的学科推荐列表。这有助于引导学生更有针对性地选择学科，提高学习的主动性和积极性。例如，对于对某一学科表现出浓厚兴趣的学生，系统可以推荐相关的拓展学习资料或深入研究项目，从而更好地满足他们的求知欲望。

在教学管理中，及时反馈是至关重要的一环。数据分析技术可以实现对学生学业数据的实时监测和分析，从而及时发现问题并提供反馈。例如，在学生完成一次在线测试后，系统可以立即分析其答题情况，指出回答错误的知识点并提供相关的解释和建议。这种即时的反馈有助于学生及早发现并纠正错误，提高学习效果。同时，教师也可以根据学生的学业数据调整教学策略，更好地满足学生的需求。

人工智能技术的应用还可以使得教学管理更加智能化。通过建立学生学业数据的大数据库，系统可以运用机器学习算法不断优化教学管理模型。这种模型可以根据不同学科、不同学年的学生数据进行训练，不断提高预测和分析的准确性。这有助于实现更智能、更精准的学术支持和管理。例如，系统可以通过分析学生学习数据预测可能遇到的学科难点，并在教学过程中提前进行引导和强化，提高学生的学科掌握水平。

人工智能技术在教学管理中的应用也面临一些挑战。首先，数据隐私和安全性是一个重要的考虑因素。学生的学业数据涉及个人隐私，需要建立健全的隐私保护机制，确保学生的信息不被滥用。其次，算法的公正性和客观性也是一个需要关注的问题。在建立预测和分析模型时，需要确保算法不受到人为因素的干扰，保持对学生的公正评价。最后，学生的学科兴趣和发展轨迹是多样化的，算法需要考虑这些差异性，以实现更个性化的学术支持。

数据分析和挖掘技术在人工智能背景下为教学管理提供了丰富的工具和手段。通过深入挖掘学生的学业数据，教师可以更好地了解学生的学习状况，提供即时反馈和个性化的学术支持。这有助于提高学生的学业水平，推动教学效果的不断提升。然而，在利用人工智能技术进行教学管理时，需要谨慎处理相关问题，保障学生的隐私和权益，确保管理过程的公正性和透明度。

第二节　人工智能时代的计算机程序设计教学

一、人工智能时代的计算机程序设计背景

人工智能是一门研究、开发用于模拟、延伸和扩展人的智能的技术科学。它涉及理论、方法、技术以及应用系统的广泛领域，是计算机科学的一个重要分

支。在当前，人工智能的快速发展主要依赖于两大要素：机器学习和大数据。这两者相互配合，使人工智能得以不断演进和应用拓展。

机器学习是人工智能的核心技术之一，它通过让计算机系统学习和适应数据，实现对任务的自动化执行。这种学习能力使得机器在处理复杂任务、做出决策和执行操作时能够逐步提升性能，而无须显式地进行编程。在计算机程序设计领域，机器学习的引入改变了传统编程的方式，注重于让计算机从数据中学到规律和模式，提高自身的智能水平。

大数据则为机器学习提供了丰富的训练和应用场景。大规模的数据集包含了各种各样的信息，通过分析这些数据，机器学习模型可以更准确地理解问题、作出预测，并逐渐提升性能。大数据的处理和管理成为人工智能时代的一个重要挑战，也为计算机程序设计提供了更广阔的发展空间。从计算机程序设计的角度来看，人工智能时代对计算机程序设计提出了新的需求。传统的算法和数据结构仍然重要，但在人工智能领域，更加注重的是对算法的优化、对大规模数据的高效处理，以及对机器学习模型的设计和集成。程序设计师需要更深入地理解机器学习算法，熟练掌握大数据处理技术，以便更好地应对复杂的人工智能任务。人工智能时代的计算机程序设计也强调对实时性、可扩展性和可维护性的追求。随着人工智能应用的广泛推广，程序设计师需要设计出更加稳健、高效、易维护的系统，以适应不断增长的应用需求。在人工智能时代，计算机程序设计教学需要更加注重培养学生对机器学习和大数据的理解与运用能力。学生需要学会如何设计和优化机器学习算法，处理大规模数据，并将所学应用于解决实际问题。这种全新的计算机程序设计教学模式旨在培养学生适应未来智能化社会的技能和素养。

在人工智能时代的计算机程序设计教学中，机器学习扮演着重要的角色。教学内容可以涵盖从基础的统计和概率理论到各种机器学习算法的原理和应用。学生将能够掌握设计、训练和评估机器学习模型的技能，为解决实际问题提供智能化的解决方案。随着人工智能技术的不断发展，计算机程序设计教学需要不断更新，以跟上最新的机器学习方法和应用。培养学生在数据科学和人工智能领域的综合素养，使其具备面向未来的计算机程序设计能力，是教学的重要目标之一。通过引入实际案例和项目，学生可以在课程中应用机器学习技术，加深对理论知识的理解，并培养解决实际问题的能力。机器学习作为人工智能的核心，为计算机程序设计教学注入了新的活力。通过深入理解机器学习的原理和应用，学生将更好地适应人工智能时代的挑战，为未来的科技创新做出贡献。

深度学习是机器学习领域中的一个重要分支，其起源可以追溯到神经网络的发展。与传统的机器学习方法相比，深度学习主要关注学习高层数的网络结构，以更有效地从数据中提取特征和进行模式识别。在深度学习中，多层的神经网络被用来建模复杂的关系和抽象表示，这使得它能够处理各种类型的任务。深度学习涵盖了多种不同的模型和架构，其中一些常见的包括深度信念网络（DBN）、自编码器（Auto Encoder）、卷积神经网络（CNN）、循环神经网络（RNN）等。每种模型都有其特定的应用领域和优势，使得深度学习成为目前机器学习领域的主流方法之一。

深度信念网络（DBN）是一种用于概率建模的神经网络结构，常用于无监督学习任务。自编码器（Auto Encoder）则是一种通过学习数据的压缩表示来重构输入的模型，常用于特征学习。卷积神经网络（CNN）在图像处理领域表现出色，其通过卷积层和池化层有效地捕捉图像中的空间结构。而循环神经网络（RNN）则擅长处理序列数据，常应用于语音识别和自然语言处理等领域。

深度学习在人工智能时代的计算机程序设计教学中起到了重要的作用。随着计算资源的增加和算法的改进，深度学习模型能够更好地理解和处理复杂的数据。在图像分类与识别方面，深度学习已经取得了令人瞩目的成就，超越了传统方法。语音识别领域也因深度学习的应用而取得了显著的进展。在计算机程序设计教学中，深度学习的应用使学生能够更好地理解模型的构建和训练过程。计算机程序设计教学内容可以涵盖从基础的神经网络理论到复杂的深度学习模型实践，使学生具备处理实际问题的能力。此外，深度学习的快速发展也促使教学内容与最新技术保持同步，确保学生在人工智能领域具备竞争力。深度学习作为机器学习的重要分支，不仅在图像分类、语音识别等领域表现出色，也在计算机程序设计教学中发挥着重要作用，推动着人工智能时代的进步和创新。

二、人工智能时代的计算机程序设计教学方法

(一) 入门语言

计算机程序设计的入门语言选择对于学生的学习体验和兴趣培养至关重要。传统上，C 语言一直被视为计算机编程的入门语言，但由于其相对较高的学习曲线和复杂性，学生可能感到难以上手，甚至出现对编程的畏惧心理。鉴于此，将 Python 作为入门语言具有一定的合理性，因为它易于学习、上手快，同时能够传递计算机程序设计的基本思想，培养学生对编程的兴趣。

Python 拥有丰富的标准库和第三方库，涵盖了各种领域，包括科学计算、Web 开发、人工智能等。这使得学生在应用开发中可以更容易地找到现成的工具和资源。Python 是一种跨平台语言，可以在不同操作系统上运行，这为学生提供了更强的灵活性，可以在各种环境中进行学习和实践。

Python 拥有庞大而活跃的社区，学生在学习过程中可以方便地获取帮助、参与讨论，加速解决问题和积累知识的过程。

Python 在科学计算、数据分析、人工智能等领域有着广泛的应用，通过学习 Python，学生不仅能够入门编程，还能够在未来更深入地涉足不同领域。选择 Python 作为入门语言，学生能够更轻松地理解编程的基本概念，进行简单的应用开发。同时，Python 的语法和结构相对灵活，为学生提供了更多的发挥空间，降低了初学者在语法上的挑战。当学生掌握了 Python 这一基础后，再学习面向对象程序设计语言如 C++或 Java 时，他们会发现这些语言在某些方面与 Python 有着相似之处，这有助于学生触类旁通，更加顺利地学习和应用其他编程语言。这种渐进式的学习路径可以更好地满足学生的需求，降低学习难度，促进学生对编程的兴趣和深入理解。

在人工智能时代的计算机程序设计教学中，灵活选择入门语言并结合实际应用场景，有助于培养学生的创造力和解决问题的能力。因此，Python 作为入门语言的选择在提高学生学习积极性和培养编程兴趣方面具有积极的作用。

（二）数据结构与算法

计算机程序设计被描述为"数据结构与算法的组合"，这意味着编写有效的程序需要对数据的组织方式和算法的选择有深刻的理解。在学习编程语言的过程中，选择与入门语言对应的教材是一种明智的决策。以 Python 为例，若选择 Python 作为入门语言，那么学习数据结构与算法的教材最好也采用 Python 进行描述。"数据结构"和"算法"是计算机程序设计中的核心概念。数据结构涉及如何有效地组织和存储数据，而算法则是解决问题的步骤和规程。这两者密切相连，相辅相成。在学习编程的早期阶段，理解这些概念是至关重要的。

选择入门语言对应的教材的好处在于，学习者可以更容易地将理论知识转化为实践。以 Python 为例，它是一种易读、易写的语言，具有清晰的语法结构，使初学者更容易理解和实现各种数据结构和算法。入门语言对应的教材通常会使用语言内置的特性和库来演示概念，这有助于学习者更快地上手和应用所学知识。

随着人工智能时代的到来，计算机程序设计的教学也需要适应新的趋势和需求。人工智能涵盖了机器学习、深度学习、自然语言处理等领域，这对编程教学提出了新的挑战和机遇。在教学中引入人工智能的概念，可以使学习者更好地理解和应用先进的计算机科学技术。人工智能的发展也影响了数据结构与算法的应用场景。在处理大规模数据集和复杂任务时，高效的数据结构和算法变得至关重要。因此，在计算机程序设计教学中，除了传统的数据结构与算法知识，也应强调与人工智能相关的内容，如图像处理、模式识别等领域的算法设计。教学内容的更新和调整是与科技发展同步的重要一环。在人工智能时代，计算机程序设计教学不仅要关注基础知识的传授，还应培养学习者的创新思维和解决实际问题的能力。引入项目实践、开源社区参与等元素，可以更好地培养学生的实际操作能力和团队协作意识。

选择与入门语言对应的教材是一种明智的选择，有助于学习者更好地理解和应用数据结构与算法。在人工智能时代，教学内容需要不断更新，关注新技术的发展，培养学生的创新能力，使他们能够在不断变化的科技环境中脱颖而出。计算机程序设计教学应该既注重理论知识的传授，也注重实践能力的培养，以培养具有综合素养的计算机专业人才。

第三节　人工智能技术在计算机网络教学中的运用

一、人工智能技术在计算机网络教学中的优势

(一) 进一步拓展计算机网络教学的空间

当前我国的计算机课程在教学方面尚存在较大的潜力可挖掘。然而，面对复杂多样的操作系统，教学中的"通道"并不能完全体现所需传达的信息。同时，课程呈现单一的知识点传递模式，教师力量相对薄弱。为了提高教学质量，实现计算机课程的全面发展，教师需要加强对"通道"操作系统的支持，并引入更多的教学资源。

多样的操作系统可能导致信息传递的不畅和理解的混淆。为解决这一问题，教学中应该加强对不同操作系统的分析，以确保学生能够全面理解和应用所学知识。这可以通过提供多平台的学习资源、实践环境以及案例分析来实现。这样一来，学生可以在不同的操作系统中灵活运用所学概念，提高自己的实践能力。

当前的计算机课程教学模式较为单一，主要是单向的知识点传递。为了更好地引导学生，提高他们的学习兴趣和主动性，引入人工智能技术是一种创新的途径。通过人工智能技术，教师可以实现对学生学习过程的全程指导。从课前预习、讲授到课后复习，人工智能系统可以提供个性化的学习建议、答疑解惑，帮助学生更好地掌握知识。在课前预习阶段，人工智能系统可以根据学生的学习情况推荐相关的预习资料，提前激发学生对知识的兴趣。在讲授阶段，人工智能系统可以根据学生的学习进度和理解程度进行实时调整教学内容，确保每个学生都能跟上课程的节奏。而在课后复习阶段，人工智能系统可以提供个性化的复习计划和题目，帮助学生巩固所学知识。通过引入人工智能技术，计算机教学可以摆脱传统的单向教学模式，实现双向互动。这不仅能够提高学生的学习效率，还能够激发他们的学科兴趣，培养创新思维和解决问题的能力。同时，人工智能技术还可以为教师提供更多的教学支持，减轻其工作负担，使教学更加高效。

除了引入人工智能技术，教师还应该积极引入更多的教学资源，包括在线课程、实验室资源、项目实践等，以丰富学生的学习体验。通过与行业和社会的合作，将实际问题引入课堂，让学生在解决实际问题的过程中更好地理解和运用所学知识。

通过加强对"通道"操作系统的支持，引入人工智能技术，以及丰富教学资源，有利于实现计算机网络教学的全面发展。这将有助于提高教学质量，培养学生的实际应用能力和创新思维，使他们更好地适应信息技术快速发展的时代。计算机网络教学将在人工智能的引领下迎来更加广阔的发展空间。

（二）提供持续有效的智能服务

目前的计算机网络教育模式主要由专门的教师在前期制定课堂教学录像或教学活动，通过简化的方式向学生传授专业知识。学生在学习过程中，一旦遇到疑惑和问题，通常只能通过教师的现场答疑来解决。然而，由于教师的授课时间限制，无法24小时随时解答学生的提问，这可能影响学生学习的积极性。在这种情况下，引入人工智能技术为计算机网络教学带来了新的可能性。

人工智能技术可以通过智能化的学习管理系统，实现对学生学习过程的全程指导。人工智能系统可以根据学生的学习进度、知识点掌握情况和个性化需求，为每位学生提供定制化的学习计划。当学生遇到问题时，系统可以通过自然语言处理技术理解学生的提问，并提供详细的解答、补充材料或引导学生进行更深入的学习。这种个性化的辅导不受时间和地点的限制，使学生能够随时获得帮助，提高了学习的灵活性和效率。

引入人工智能技术的在线答疑系统可以弥补教师答疑的时间限制。人工智能系统可以通过自动化算法实时响应学生的问题，提供即时的解答和指导。通过对常见问题的分析和整理，系统可以建立起丰富的知识库，为学生提供高效的问题解答。同时，这也减轻了教师的负担，使其更专注于课程设计和知识传授的重要任务，提高了教学效率。

运用人工智能技术生成的虚拟助教可以在教学录像或教学活动中担任互动性更强和更智能的角色。通过语音识别、情感分析等技术，虚拟助教能够检测学生的情绪和对知识的理解程度，根据实时反馈调整教学内容和节奏。这种个性化的辅助教学方式可以更好地满足学生的需求，提高学习效果。

运用人工智能技术还能够通过大数据分析学生的学习行为，为教师提供更全面的学情分析报告。这些报告可以揭示学生的学习偏好、薄弱环节和潜在问题，帮助教师更好地调整教学策略，个性化地指导学生。这种数据驱动的教学管理有助于提高教学的针对性和效果。

人工智能技术在计算机网络教育中的应用可以有效解决传统教学模式中的时间和地点限制问题。通过智能化的学习管理系统、在线答疑系统和虚拟助教的引入，学生可以获得更灵活、个性化的学习体验，教师也能更高效地进行教学管理。这种创新性的教学模式将进一步激发学生的学习兴趣和积极性，为计算机网络教育的未来发展带来新的可能性。

（三）提高学习效率

在计算机网络教育中，学生常常需要进行基础知识的信息检索，这通常需要根据目录表或关键字进行搜索。然而，由于基础知识跨越多个专业领域，信息呈罗列状态，导致基础知识信息资源杂乱且难以形成系统化的学科结构。学生在搜索过程中面临着费时费力的问题。教师在开展计算机网络教学时，提供大量基础知识和课件参考资料，但学生普遍认为对专业知识的查询效果不佳，很难找到问题的解决方案。在这种背景下，引入人工智能技术可以为计算机网络教学提供更智能、高效的信息检索和学科系统构建。

人工智能技术可以通过智能搜索引擎改善基础知识的信息检索。传统的关键字搜索方式可能导致信息的零散分布，而智能搜索引擎可以利用自然语言处理、语义理解等技术，更准确地理解学生的查询意图，并提供相关联的、有机结合的知识。这种智能搜索不仅可以加快学生获取信息的速度，还能够帮助他们更全面地理解和应用基础知识。

人工智能技术可以通过知识图谱构建更系统化的学科结构。通过对大量基础知识进行分析和整理，构建知识图谱可以将不同知识点之间的关系呈现出来，形成更为清晰的学科体系。学生可以通过知识图谱快速了解不同知识点之间的关联，有助于建立更为深入的学科理解。这种学科结构的清晰呈现有助于学生更有针对性地学习和深入研究。

人工智能技术可以通过推荐系统提供个性化的学科学习资源。基于学生的学科兴趣、学习数据和能力水平，推荐系统可以为每个学生量身定制学习路径，推荐适合其需求的教材、文章或视频资源。这种个性化推荐不仅提高了学生获取信息的效率，还能够激发学生的学习兴趣，使其更主动地参与学习过程。

运用人工智能技术还可以通过在线智能助教提供实时的问题解答和学科咨询服务。学生在学习中遇到问题时，可以通过在线智能助教进行提问，系统能够通过自然语言处理技术理解问题，并给予详细的解答或提供相关资源。这种即时的学科支持有助于学生更好地理解和应用基础知识，提高学习效果。

引入人工智能技术可以在计算机网络教育中改善基础知识的信息检索问题，构建更为系统化的学科结构，提供个性化的学科学习资源，并通过在线智能助教提供实时的学科支持。这些创新性的技术应用将极大地提升学生学习的效率和质量，为计算机网络教育带来更智能、高效的学习体验。随着人工智能技术的不断发展，计算机网络教育将迎来更多的变革和提升。

（四）丰富教学方式

当前利用计算机进行网络教育的主要方式包括使用 Authorware 和 PowerPoint 等应用软件完成知识教学的文本和视频编写，以及通过互联网和简单的人机交互技术进行课堂教学。然而，这两种教学方法都存在一些局限性，未能有效改善老师的教学环境，导致学生缺乏学习动力，并未能满足个性化教学的需求。引入人工智能技术可以为计算机网络教学提供更为创新和个性化的解决方案。

人工智能技术在教学内容的制作上可以提供更具交互性和个性化的学习材料。传统的 Authorware 和 PowerPoint 虽然能够制作文本和视频教材，但它们往往是静态的，难以实现学生和教学内容之间的有效互动。引入人工智能技术，可以借助自然语言处理和机器学习等技术，实现对学生学习过程的实时分析，为每个学生提供个性化的学习推荐、互动问答等。这样的个性化学习体验能够更好地激发学生的学习兴趣和主动性。

利用人工智能技术进行在线课堂教学可以实现更灵活、高效的学习环境。传统的互联网课堂往往通过简单的人机交互技术进行，缺乏实时的学生学习状态反馈和个性化的指导。引入人工智能技术，可以通过智能教学管理系统实现对学生学习行为的实时监测和分析。系统可以根据学生的学习进度和理解程度调整教学内容，提供个性化的教学建议，使学习更具针对性。同时，通过人工智能技术可实现实时在线答疑、辅导，帮助学生更好地理解和消化知识。

人工智能技术可以为老师提供更智能、高效的教学辅助工具。传统的教学环境中，老师需要花费大量时间和精力来制作教学材料、管理学生学习进度，并进行课堂管理。引入人工智能技术可以通过自动化和智能化的方式，为老师提供更多的教学支持。智能辅助工具可以帮助老师快速制作个性化教材、分析学生学习状况、提供教学建议，从而使老师能够更专注于教学设计和与学生的互动。

人工智能技术在计算机网络教学中的运用还可以为学生提供更具趣味性和参与性的学习体验。通过引入虚拟现实、增强现实等技术，可以创造更生动、具体的学习场景，使学生能够更好地理解和应用知识。这样的创新性教学方式不仅能够提高学生的学科兴趣，还可以激发其创造力和实践能力。

人工智能技术在计算机网络教学中的应用可以为教学内容制作、在线课堂教学、教师辅助工具和学生学习体验提供创新性的解决方案。这样的技术应用有望打破传统教学的限制，提高学生的学习动力和效果，同时为教师提供更为智能高效的教学支持。在不断发展的人工智能时代，计算机网络教育将迎来更为丰富多样的发展可能性。

二、人工智能技术在计算机网络教学中的运用策略

（一）智能决策支持系统的应用

智能决策支持系统在计算机网络教学中的效果显著，其能够提取相关信息、协助教师理解各种数据和历史信息，并提出不同的教学任务。这为计算机网络教学带来了诸多益处，包括更智能的教学决策、更高效的时间利用以及更优质的课堂体验。

智能决策支持系统通过对各种信息的提取和分析，能够为教师提供更全面的数据支持，协助他们创造更好的教学环境。这包括学生的学习表现、教学资源的利用情况、课程难易度等方面的信息。通过深入了解这些数据，教师可以更准确地评估教学的效果和学生的需求，为后续的教学决策提供有力的支持。

智能决策支持系统可以通过对各种信息的研究形成不同的行为模式，从而应用更多的教学方法。这种智能化的系统能够识别学生的学习偏好、教学资源的热点等信息，通过机器学习算法形成个性化的教学策略。这不仅有助于满足学生个性化的学习需求，还能够提高教学的针对性和灵活性。

智能决策支持系统的运用有助于教师更有效地管理教学时间。系统可以自动分析学生对不同知识点的理解程度和学习速度，为教师提供实时的学情报告。基于这些信息，教师可以有针对性地调整教学进度，确保每个学生都能跟上课程的进度。这样的智能时间管理不仅提高了教学效率，还有助于提升整体的教学质量。

智能决策支持系统还能够通过对历史信息的分析和挖掘，为教学提供更深层次的反思和改进。系统可以识别过去教学中的成功经验和问题点，为教师提供有针对性的建议，指导其更好地调整教学策略。这样的循环性改进有助于不断提升计算机网络教学的水平，使其适应不断变化的教育环境。

智能决策支持系统在计算机网络教学中的效果显著。通过提供全面的数据支持、形成个性化的教学策略、优化教学时间管理和促进教学反思，智能决策支持系统为计算机网络教学带来了更高效、更贴近学生需求的教育体验。人工智能技术的应用为计算机网络教学提供了更智能化、个性化的支持，展现了巨大的发展潜力和广泛的使用前景。

（二）信息系统评价的应用

信息系统评价通常应用于最新的或更新后的信息系统，以对其功能进行分析。在以往的计算机网络教学领域中，系统评价往往被教师忽略，原因在于评估过程烦琐且质量不高。然而，人工智能技术的应用为信息系统评价带来了全新的改变。通过利用专业数据库和问题解决技术，人工智能系统能够合理管理计算机网络，并根据专业认识、实践和总结将信息资料记录到相应的体系中，从而实现科学、正确的信息系统评价。这不仅推动了信息系统评价质量的提高，也在计算机网络教学中展现出广泛的应用前景。

人工智能技术在信息系统评价中的应用提高了评估的科学性和客观性。通过专业数据库的支持，人工智能系统能够获取大量的实时数据和信息，对计算机网络教学中的信息系统进行全面、深入的分析。基于问题解决技术，系统可以迅速识别潜在问题并提出有效的解决方案。这样的科学化评价过程确保了评估结果更为准确、可靠，有助于管理者全面地了解信息系统。

人工智能技术在信息系统评价中的运用提升了评价的效率和精度。传统的信息系统评价通常需要耗费大量的人力和时间，而人工智能系统能够通过自动化的方式进行数据的收集、分析和处理。通过大数据技术，系统能够在短时间内处理大量信息，识别关键指标和趋势，提高评价的效率。同时，通过机器学习等技术，系统能够不断优化评估模型，提高评价的精度和准确性。

人工智能技术在信息系统评价中的应用促进了评价的个性化和定制化。传统的评价方法通常基于固定的标准和指标，难以满足不同信息系统的个性化需求。而人工智能系统可以根据特定的计算机网络教学环境和目标，灵活调整评价模型和指标体系。这种个性化和定制化的评价方式更符合实际情况，使评价结果更具实际指导意义。

人工智能技术在信息系统评价中的应用还能够实现对评价结果的深层次分析和挖掘。系统通过对大量信息的学习和积累，能够识别出潜在的问题、优势和改进方向。这种深层次的分析为教师提供了更全面的决策依据，使其能够更好地展开计算机网络教学。

人工智能技术在信息系统评价中的运用为计算机网络教学带来了新的动力和可能性。通过科学化、高效化、个性化和深度分析的评价方式，人工智能系统提高了评价的质量，为教师提供了更为准确和有针对性的决策支持。

（三）基于人工智能技术打造智能教学网络平台

当前许多学校的计算机教学环境存在不良信息混杂的问题，这影响了计算机网络系统的教育功能。为了改善这一状况，教师可以借助新一代人工智能信息技术构建自动识别网络的智能教学网络平台。通过人工智能导学系统，教师可以快速获取教学资源，为教学增加丰富的内容。此外，智能教学网络平台还可以为学生提供一对一的指导，帮助他们纠正错误的学习方案，提升教学效率。

引入人工智能技术的智能教学网络平台能够自动识别和过滤不良信息，保障教学内容的质量。通过使用先进的自然语言处理和机器学习技术，平台可以快速准确地辨别和清除教学内容中的不良信息，确保学生接触的都是合理、可靠的学习材料。这有助于打造一个清新、健康的网络学习环境，提高学生学习的积极性和效果。

基于人工智能导学系统，教师能够更轻松地获取所需的教学资源。教师可以通过智能搜索引擎，根据需求精准地检索出相关的教学资料、案例和实例。这样快速获取教学资源有助于教师更好地准备和设计教学内容，提高课堂教学质量。

智能教学网络平台还可以为学生提供个性化的一对一指导。通过分析学生的学习行为和表现，系统可以生成个性化的学习计划，并针对性地进行指导。这种一对一的教学方式能够更好地满足学生的个性化需求，帮助他们更有效地理解和掌握知识。人工智能导学系统还能够纠正学生的错误学习方案。通过分析学生的学习过程和答题情况，系统可以发现学生可能存在的错误习惯或理解偏差，并通过智能化的方式进行纠正和引导。这有助于提高学生的学习效率和成绩。

人工智能技术在计算机网络教学中的应用，特别是在构建智能教学网络平台方面，为教育领域带来了革命性的改变。通过自动识别不良信息、快速获取教学资源、个性化一对一指导和纠正错误学习方案，教学网络平台为教师和学生提供了更智能、高效、个性化的学习体验。

（四）基于人工智能技术优化教育决策

借助人工智能技术，智慧决策工作管理系统成为一种能够辅助教师教育决策的重要工具。通过提供客观的参考依据，该系统有助于教师制定更科学合理的教育教学目标和绩效评价指标。这一智能化的决策支持系统通过帮助教师建立多种工作模式，减少无谓的相关资讯和环节，从而提高工作效率。尽管在实际应用中可能需要进行一些调整，但其强大的优势已经得到证实。

智慧决策工作管理系统通过人工智能技术能够为教师提供全面、准确的数据支持。系统能够自动收集、分析和整理教学过程中的大量信息，包括学生的学习情况、教学资源的利用情况等。通过对数据的科学分析，系统能够为教师呈现清晰的图表和报告，帮助教师更好地了解学生的学情和教学效果，为制定科学合理的教育教学目标提供参考。

智慧决策工作管理系统能够辅助教师建立多种工作模式，提供灵活的教学方案。通过分析教师的教学风格、学生的学习习惯等信息，系统可以根据个性化需求为教师生成不同的工作模式。这有助于提高教学的个性化水平，使教学更加贴近学生的需求，提高教育效果。该系统通过减少无谓的资讯和环节，节约了教师的工作时间。在传统的决策过程中，教师可能需要花费大量时间搜集和整理相关信息，而智慧决策工作管理系统能够通过自动化和智能化的方式，减轻教师的工作负担，使其能够更专注于教学设计和实施。

尽管在实际应用中可能会遇到一些需要调整的细节，比如系统对于特殊情境的适应性和灵活性等方面的优化，但整体来说，智慧决策工作管理系统在提高教师教育决策水平和工作效率方面已经取得了显著的成果。在计算机网络教学中，这样的智慧决策工作管理系统也可以针对网络教学环境的特点，为教师提供更精准的数据分析和个性化的工作模式，从而更好地适应网络教学的需求。

（五）基于人工智能技术构建教育评价体系

教育评价作为衡量教育教学效果的有效方式，在过去往往依赖人工完成数据的收集、分析和最终评估，这耗费了大量的时间和精力，并在某些环节引入了人的主观意识，影响了评估结论的公正性和客观性。通过利用新一代人工智能信息技术进行教育课程评估，从数据收集、处理到最终统计，全部由计算机完成，有效减少了人类主观意识的干扰，使得教育课程评估更加客观准确，为教育课程决策提供了可靠的参照基础。新一代人工智能信息技术还能够帮助教师更好地利用专家知识库中的教学资源，包括课堂经验和总结。将这些信息录入高等教育评估系统，能够确保学习内容和方法与学生的认知和专业知识相匹配，从而提高教育评估的科学性和合理性。

新一代人工智能信息技术在教育评价中的应用实现了从数据收集到分析再到评估的全流程自动化。通过引入机器学习和自然语言处理等先进技术，系统能够自动收集学生学习行为、成绩数据、教学资源利用情况等多维度信息，进行科学分析和综合评估。这一自动化过程减轻了教师繁重的评估工作，也降低了人为主观因素的介入，确保了评估的客观性和准确性。

新一代人工智能信息技术为高等教育评估引入了专家知识库的概念。教师的课堂经验和总结、专业知识等信息可以被整合到系统的专家知识库中。系统通过分析这些专家知识，能够更好地理解教育环境和学科特点，从而更精准地评估教育课程的有效性。这种基于专家知识的评估方式能够更好地满足不同学科和专业的评估需求，提高评估的科学性和合理性。新一代人工智能信息技术通过高效管理教学资源，提升了教育评价的效率。系统可以根据学科特点和学生需求，智能匹配合适的教学资源，确保学习内容和方法与学生的认知和专业知识相匹配。这不仅提高了教育评估的科学性，也使评估结果更具实际指导意义。

在计算机网络教学中，新一代人工智能信息技术的运用将更加注重网络教学的特点，通过实时数据分析、学科专家知识库的建设等手段，为网络教学的评估提供更全面、客观、科学的支持。

（六）利用人工智能技术开发高质量的网络课程课件

借助人工智能信息技术，可以显著提高计算机教学课件的研发效率，减少授课教师的操作量，进而提升教学质量。传统的课件编辑整理过程耗时费力，受到专业技术水平和课件制作水平的限制，难以达到高水平，从而影响了计算机授课的教学效果。利用人工智能信息技术可以有效改善这种状况，进一步提高计算机授课的效果，提升教学质量。通过智能化的网络课件开发，教师能够充分利用互联网的优势资源，使课件内容更加丰富多彩、更具个性化，满足学生对计算机网络专业课程知识的学习需求。

人工智能技术在计算机教学课件研发中的应用实现了自动化和智能化的生产过程。传统的课件制作需要教师投入大量时间和精力，而引入人工智能技术后，系统可以根据学科特点和学生需求自动生成或智能推荐相应的教学内容。这不仅减轻了教师的工作负担，还提高了课件的质量和时效性。系统能够通过大数据分析学生的学习情况和需求，智能调整课件内容，使其更贴近学生的学习习惯和水平，提高教学效果。

人工智能信息技术可以实现对课件内容的个性化定制。通过分析学生的学科兴趣、学习风格和水平，系统能够根据个体差异生成个性化的课程内容。这种个性化定制不仅满足了学生对不同知识点的需求，也提高了学生对课程内容的兴趣和参与度。个性化的课件设计能够更好地激发学生的学习兴趣，提高学习动力，从而达到更好的教学效果。人工智能技术还可以利用自然语言处理和图像识别等技术，使课件内容更生动、直观。通过引入多媒体元素、实例和案例分析，课件能够更生动地呈现抽象概念，提高学生的理解和记忆效果。这种丰富多彩的课件设计有助于打破传统教学方式的单一性，提升学生对计算机网络专业课程的兴趣和主动学习的积极性。

人工智能信息技术在计算机网络教学中的应用不仅可以提高课件的质量，还可以帮助教师更好地管理和更新教学资源。系统可以实时监测学生的学习反馈和评价，及时调整课件内容，保持与时俱进。同时，系统可以从互联网获取最新的行业动态和研究成果，为课件更新提供及时、全面的信息支持。

人工智能技术在计算机网络教学课件研发中的应用为教学带来了全新的可能性。自动化、智能化的生产过程、个性化的定制内容以及丰富多彩的呈现方式，不仅使教学课件更符合学生需求，也使教学过程更加灵活高效。

（七）智能仿真技术的应用

近年来，智能仿真技术的迅速发展为计算机网络教学带来了全新的可能性。这一技术是人工智能技术与仿真技术的完美结合，旨在克服传统仿真技术的局限性，使其更智能化地完成建模、试验、数据分析和综合等任务，并具备良好的学习水平。将智能仿真技术应用于教学课件的研发，将大幅提升计算机网络教学的品质，使其更具个体化、多样化，适应学生的不同需要，更好地满足学生的学习需求。

智能仿真技术在教学课件研发中的应用，可以实现更真实、生动的场景模拟。通过智能仿真技术，教师可以创建具有高度仿真度的计算机网络环境，模拟实际工作场景，使学生能够在虚拟的网络环境中进行实际操作和实验。这种实战性的学习方式有助于学生更深入地理解计算机网络的工作原理和应用技术，提高他们的实际操作能力。

智能仿真技术可以支持个性化的学习路径和教学方式。通过分析学生的学习情况和表现，系统可以根据个体差异调整教学内容和难度，为每个学生提供定制化的学习体验。这种个性化的学习路径有助于满足不同学生的学科需求，提高他们的学习兴趣和参与度，进而提升教学效果。智能仿真技术还可以让学生随时随地地学习。通过虚拟网络环境，学生可以在任何地方、任何时间进行实验和练习，不再受到实际设备和场地的限制。这有助于提高学生学习的自由度和灵活性，使他们能够更好地安排学习时间，更加高效地完成学业。

在教学课件中引入智能仿真技术还可以促进教师与学生间的合作与交互。智能仿真技术还可以通过大数据分析学生的学习过程，为教师提供有针对性的教学反馈。系统可以收集学生在虚拟网络环境中的行为数据，分析学生的学习情况和困难点，为教师提供及时的反馈信息。这有助于教师更好地了解学生的学习需求，调整教学策略，提高教学的针对性和效果。

智能仿真技术的引入为计算机网络教学注入了新的活力。通过实现真实场景模拟、个性化学习路径、随时随地学习机会、学生合作与交互以及教学反馈等方面的优势，智能仿真技术将为计算机网络教学提供更为丰富、灵活和高效的教学手段，进一步推动教育领域的创新和发展。

参考文献

[1] 李兵. 人工智能背景下教育教学深度变革论析[J]. 齐齐哈尔大学学报（哲学社会科学版），2023（1）：146-149.

[2] 左亚旻. 人工智能背景下职业教育教学模式的发展策略研究[J]. 内江科技，2023，44（9）：62-63.

[3] 许学添. 人工智能背景下的职业教育发展机遇与挑战[J]. 继续教育研究，2023（8）：88-92.

[4] 岳文忠，张淑英，王佳. 人工智能背景下高校教育管理变革发展研究[J]. 吉林农业科技学院学报，2023，32（2）：60-63.

[5] 李效宽，王文平. 人工智能背景下高校教育教学管理的创新发展[J]. 科技资讯，2022，20（9）：187-190.

[6] 孙自梅. 计算机导论教学模式的研究与探讨[J]. 内江科技，2023，44（8）：151-152.

[7] 庞旭兴，高德达，宁邦青. 用"互联网+"助推乡村高中数学学科核心素养的培养[J]. 考试周刊，2023（18）：89-92.

[8] 代治国. 新工科的计算机课程教学模式实践[J]. 电子技术，2023，52（3）：96-97.

[9] 刘耀，周红静，何典，等. 计算机网络课程混合式教学模式研究[J]. 电脑知识与技术，2023，19（8）：80-82.

[10] 张宗仁. 基于混合式教学模式的计算机辅助设计与制造课程改革实践探究[J]. 电脑知识与技术，2023，19（6）：168-170.

[11] 李俊霞，田勇. 新一代信息技术背景下的高校计算机基础课程混合式教学模式探索[J]. 办公自动化，2023，28（5）：18，36-38.

[12] 李丹，刘旭. 计算机电路基础实训课程中的混合式教学模式应用[J]. 电子

技术，2023，52（2）：121-123.

[13] 柴媛媛，孙纳新，孟陈然，等．基于课程思政的计算机实践教学模式探索[J]．电脑与电信，2023（Z1）：5-7.

[14] 赵翔宇．基于大数据背景下高校计算机教学改革的探索[J]．山西青年，2022（24）：96-98.

[15] 罗莎．"MOOC+SPOC"混合教学模式在大学计算机软件课程教学中的应用探讨[J]．信息与电脑（理论版），2022，34（22）：254-256.

[16] 彭传凤．混合式学习在中职计算机教学中的实践策略[J]．试题与研究，2020（24）：17.

[17] 徐光．浅探移动学习在高职计算机教学中的实践应用[J]．电脑知识与技术，2019，15（15）：210-211.

[18] 雷慧宁．分组协作式学习在中职计算机教学中的实践分析[J]．知识文库，2019（12）：134.

[19] 王露霖，严武．分组协作式学习在中职计算机教学中的实践[J]．广西教育，2018（22）：111-112.

[20] 荣蓉．人工智能技术在计算机网络教学中的运用[J]．数字技术与应用，2023，41（9）：75-77.

[21] 曹越．人工智能技术在计算机网络安全中的应用研究[J]．中国新通信，2023，25（17）：119-121.